普通高等教育计算机创新系列教材

C 语言程序设计辅导及实验指导

主　审　罗永龙
主　编　陈付龙　李　杰
副主编　齐学梅　接　标
　　　　陈传明　丁新涛
参　编　桂万云　郑孝遥　凌宗虎
　　　　孙丽萍　赵　诚　夏　芸
　　　　杜安红　王涛春　许建东
　　　　王金红

科 学 出 版 社
北　京

内 容 简 介

本书是《C 语言程序设计教程》配套的辅导及实验指导教材，分为上、下两篇。上篇为 C 语言程序设计辅导，主要介绍每章的重点与难点，配有知识点解析、案例分析和拓展知识，还提供了一定数量的习题供读者练习；下篇为 C 语言程序设计实验，每章配有实验和一定数量的实验题。为了便于读者学习 C 语言程序设计，本书还提供了全部习题和实验题的参考答案。

本书内容丰富，实用性强，可作为高等院校各专业 C 语言程序设计课程的辅导和实验教材，也可供计算机工作者和其他希望了解与学习 C 语言程序设计知识的人员参考。

图书在版编目（CIP）数据

C 语言程序设计辅导及实验指导 / 陈付龙，李杰主编. —北京：科学出版社，2020.2

普通高等教育计算机创新系列教材

ISBN 978-7-03-064351-3

Ⅰ. ①C… Ⅱ. ①陈… ②李… Ⅲ. ①C 语言-程序设计-高等学校-教学参考资料 Ⅳ. ①TP312.8

中国版本图书馆 CIP 数据核字（2020）第 010229 号

责任编辑：胡云志 滕 云 董素芹 / 责任校对：王萌萌

责任印制：赵 博 / 封面设计：华路天然工作室

科 学 出 版 社 出版

北京东黄城根北街 16 号

邮政编码：100717

http://www.sciencep.com

北京九州迅驰传媒文化有限公司印刷

科学出版社发行 各地新华书店经销

*

2020 年 2 月第 一 版 开本：787 × 1092 1/16

2025 年 2 月第三次印刷 印张：17

字数：410 000

定价：59.00 元

（如有印装质量问题，我社负责调换）

前　言

程序设计是一门实践性很强的课程，必须保证有足够的编程练习和上机实验。本书就是通过辅导和实验，进一步加深读者对程序的理解，通过运行和调试程序，使读者进一步掌握程序设计的一般方法和过程，并尝试通过编程解决一些实际应用问题，以培养其分析问题和解决问题的能力。

本书是《C语言程序设计教程》一书的配套辅导及实验指导教材，全书分为上、下两篇。上篇为C语言程序设计辅导，内容与理论教材按章对应，知识点解析、案例分析和拓展知识是对理论教材的进一步凝练和拓展，其内容由浅及深，兼具知识性和趣味性，可供读者自学。每章后还精选了一些习题供读者巩固所学知识及自测之用。下篇为C语言程序设计实验，每章配有实验和一定数量的实验题。本书为所有习题和实验题配备了参考答案，便于读者独立完成题目后对照检查使用。

本书编写分工如下：第1章及实验1由桂万云编写，第2章及实验2由郑孝遥编写，第3章及实验3由凌宗虎编写，第4章及实验4由陈传明编写，第5章及实验5由孙丽萍编写，第6章及实验6由赵诚编写，第7章及实验7由齐学梅编写，第8章及实验8由夏芸编写，第9章及实验9由杜安红编写，第10章及实验10由接标编写，第11章及实验11由王涛春编写，第12章及实验12由丁新涛编写，全书由陈付龙、李杰负责统稿。许建东、王金红负责文字和图片校对。罗永龙在百忙之中审阅了全书并提出修改意见，在此表示衷心的感谢。

由于时间仓促，作者水平有限，书中不妥之处在所难免，敬请读者批评指正。

作　者

2019年5月

目　录

上篇　C 语言程序设计辅导

下篇 C语言程序设计实验

上篇　C 语言程序设计辅导

第 1 章　C 语言概述

【本章内容】

(1) C 语言的特点和历史。

(2) C 语言的运行环境。

(3) C 程序的基本结构和运行过程。

【重点难点】

(1) C 语言的特点。(重点)

(2) C 程序的上机步骤。(重点、难点)

(3) C 程序结构。(重点)

1.1　知识点解析

本章的主要任务就是认识 C 语言，熟悉 C 语言的上机环境和操作步骤。认真阅读本书的内容，读懂每一个例题，并上机调试运行每一个例题。在此基础上完成书后的习题，学会编写一些简短的 C 语言程序。

1.1.1　程序设计语言与程序

1. 程序设计语言

程序设计语言是用于书写计算机程序的语言，又称计算机语言，是一组用来定义计算机程序的语法规则，能够准确地定义计算机所需要使用的数据，并精确地定义在不同情况下所应当采取的行动。

自 20 世纪 60 年代以来，世界上公布的程序设计语言已有上千种之多，但是只有很少一部分得到了广泛应用。从发展历程来看，程序设计语言可以分为三代。

第一代：机器语言。机器语言是由二进制 0、1 代码指令构成的，不同的 CPU 具有不同的指令系统。机器语言程序难编写、难修改、难维护，需要用户直接对存储空间进行分配，编程效率极低。这种语言已经渐渐被淘汰了。

第二代：汇编语言。汇编语言指令是机器指令的符号化，与机器指令存在着直接的对应关系，所以汇编语言同样存在着难学难用、容易出错、维护困难等缺点。但是汇编语言也有自己的优点：可直接访问系统接口，汇编程序翻译成的机器语言程序的效率高。从软件工程角度来看，只有在高级语言不能满足设计要求或不具备支持某种特定功能的技术性能(如特殊的输入/输出)时，汇编语言才被使用。

第三代：高级语言。高级语言是面向用户的、基本上独立于计算机种类和结构的语言。其最大的优点是：形式上接近于算术语言和自然语言，概念上接近于人们通常使用的概念。因此，高级语言易学易用，通用性强，应用广泛。高级语言种类繁多，现在常用的有 C 语言，

C++，Visual Basic，C#，Java，Python 等。

C 语言从 20 世纪 70 年代诞生到现在一直被广泛使用，经久不衰。TIOBE 编程语言排行榜是编程语言流行趋势的一个指标，每月更新，C 语言一直稳居第二。

2. 程序

程序，也称计算机程序(computer program)，是一个用程序设计语言描述的，可以由计算机执行的某一问题的解决步骤，有源程序、目标程序和可执行程序之分。

源程序即源代码，是指一系列人类可读的计算机语言指令。在现代程序语言中，常用的格式是文本文件，这种典型格式的目的是编译出计算机程序。计算机源代码的最终目的是将人类可读的文本翻译成为计算机可以执行的二进制指令，这种过程称为编译，通过编译器完成。C 语言源程序文件的扩展名为 c 或 cpp。

目标程序即目标代码(object code)，指计算机科学中编译器或汇编器处理源代码后所生成的代码，它一般由机器代码或接近于机器语言的代码组成。目标文件即存放目标代码的计算机文件，它常被称作二进制文件(binaries)。目标文件包含机器代码(可直接被计算机中央处理器执行)及代码在运行时使用的数据，如重定位信息、用于连接或调试的程序符号(变量和函数的名字)，此外还包括其他调试信息。MS-DOS 和 MS-Windows 下，此类文件扩展名为 obj。

可执行程序是可被计算机直接执行的程序，由目标程序连接而成。MS-DOS 和 MS-Windows 下，此类文件扩展名为 exe 或 com。

1.1.2 算法

算法是为解决某个特定问题而采取的确定且有限的步骤。算法不等同于程序，但可以被任意一个程序设计语言转换成程序。

1. 算法的特性

(1) 有穷性：一个算法必须在有限步骤之后结束。

(2) 确定性：算法的每一步必须具有确切的定义。

(3) 有零个或多个输入：应对算法给出初始量。

(4) 有一个或多个输出：算法具有一个或多个输出。

(5) 有效性：算法的每一步都必须是计算机能够进行的有效操作。

2. 算法的描述方法

(1) 自然语言。

(2) 专用工具：程序流程图、N-S 图等有关图形工具。

(3) 程序设计语言。

1.1.3 C 程序的结构特点

(1) 一个完整的 C 程序由若干函数组成，函数是 C 语言程序的基本单位。一个完整的 C 程序有且仅有一个 main 函数，程序执行从 main 函数第一条执行语句开始，到 main 函数最后一条执行语句结束。每个函数都包括函数说明和函数体。

(2) 语句必须以分号作为结束标识。

(3) C 语言中没有专门的输入、输出语句。输入、输出是通过 scanf 和 printf 两个库函数实现的。

(4) 可用/*……*/对 C 程序中的任何部分做注释，注释可以写在程序的任何位置上，“/*”与“*/”可不在同一行上。也可用“//”实现单行注释。

(5) 在 C 语言中，大小写字母是有区分的(即大小写敏感)，如 Main，MAIN 和 main 是不相同的。

(6) 预处理命令#include 可以包含有关文件的信息，如#include <stdio.h>、#include <math.h>。

1.2 案 例 分 析

1.2.1 Microsoft Visual C++ 2010

Microsoft Visual C++(简称 Visual C++，MSVC，VC++或 VC)是微软公司的 C++开发工具，具有集成开发环境，可提供 C 语言、C++及 C++/CLI 等编程语言。VC++集成了便利的除错工具，特别是集成了微软视窗程序设计(Windows API)、三维动画 DirectX API，Microsoft .NET 框架。目前，最新的版本是 Microsoft Visual C++ 2017。本书使用的版本是 Microsoft Visual C++ 2010(简称 VC 2010)。

1. VC 2010 的启动

执行“开始”→“程序”→ Microsoft Visual Studio 2010 Express → Microsoft Visual C++ 2010 Express 命令，出现如图 1-1 所示的集成开发环境界面。

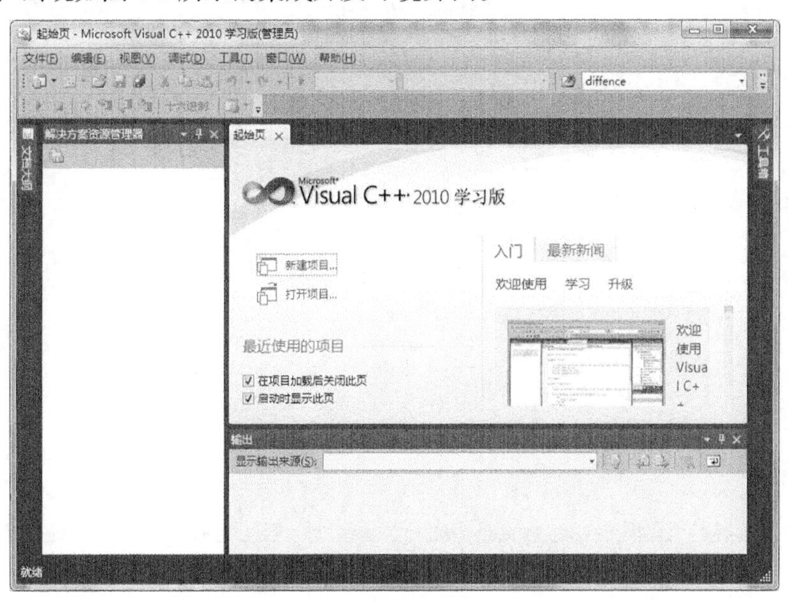

图 1-1　VC 2010 集成开发环境界面

2. 创建、运行一个 C 程序

(1) 单击“新建项目”图标，打开“新建项目”对话框，如图 1-2 所示。

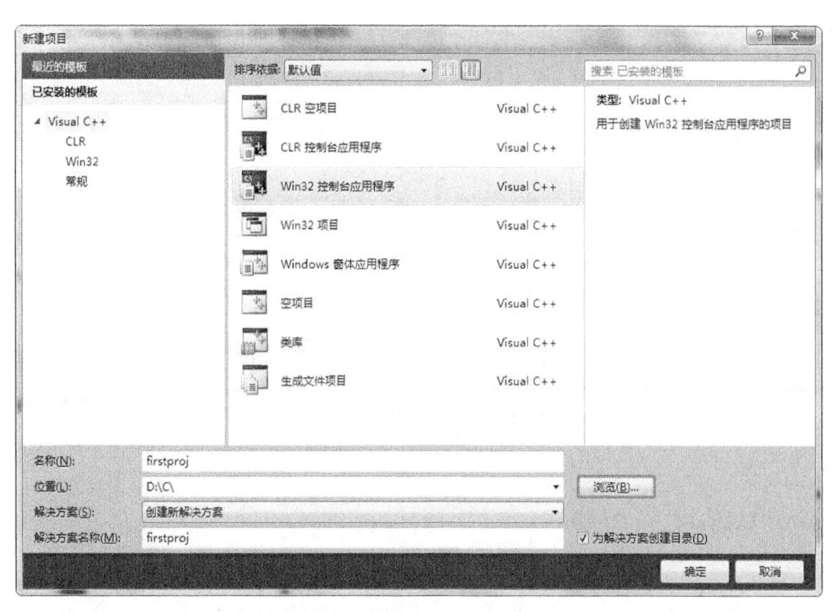

图 1-2　“新建项目”对话框

(2) 选择 Visual C++ → “Win32 控制台应用程序”，在“名称”文本框中输入 firstproj，“位置”选择“D:\C\”，单击“确定”按钮，进入如图 1-3 所示对话框。

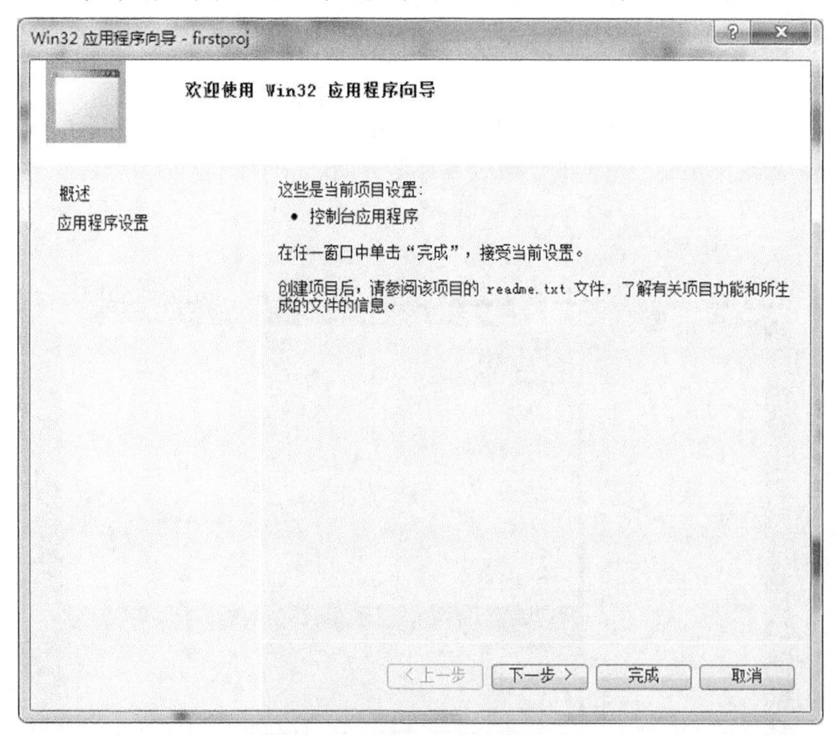

图 1-3　应用程序向导对话框一

(3) 单击“下一步”按钮，进入如图 1-4 所示对话框。

(4) 选择“空项目”复选框，单击“完成”按钮进入如图 1-5 所示界面。此时会在 D:\C 文件夹中自动创建一个名为 firstproj 的文件夹，在此文件夹中生成一个名为 firstproj.sln 的解决方案文件，还会生成一个名为 firstproj 的子文件夹。

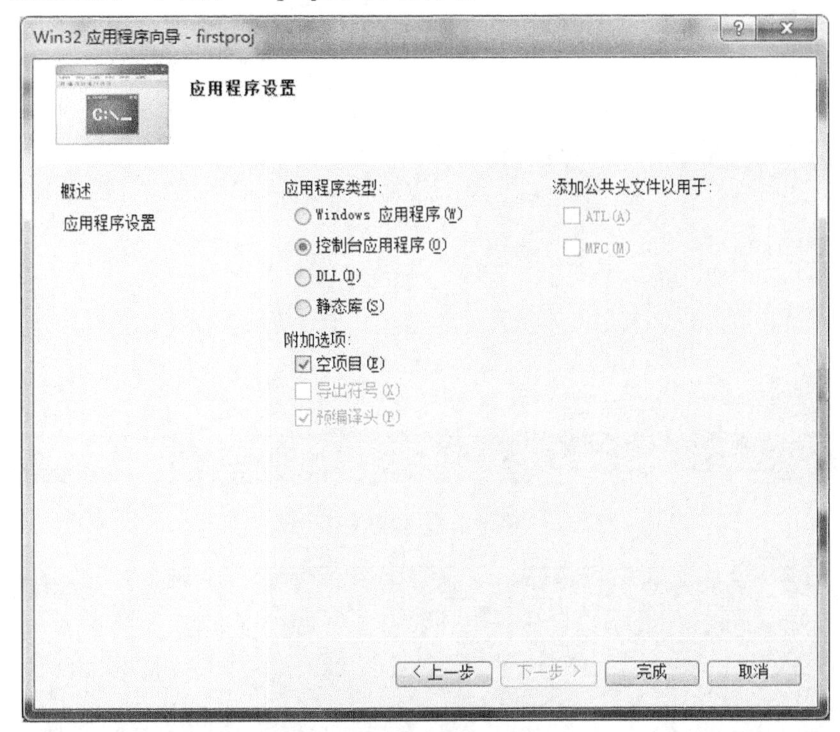

图 1-4　应用程序向导对话框二

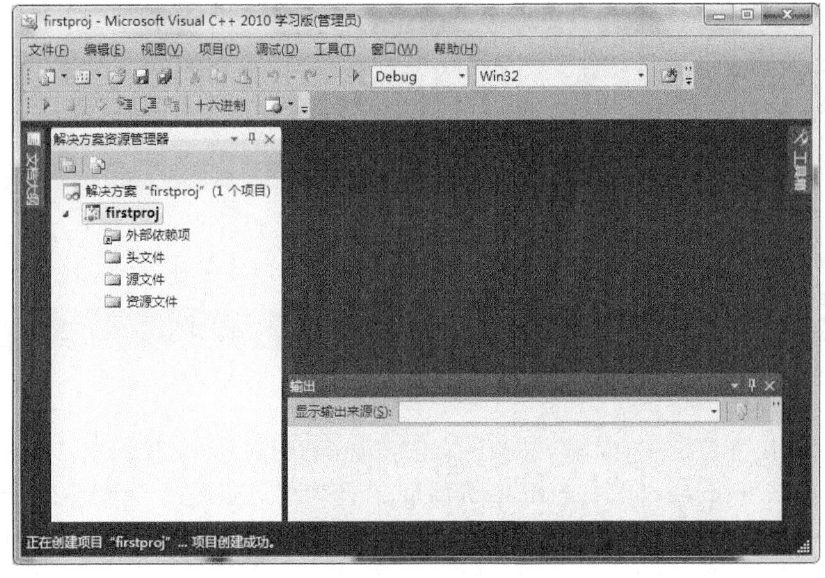

图 1-5　创建项目

(5) 在“解决方案资源管理器”窗口，右击“源文件”，执行“添加”→“新建项”命令，进入如图 1-6 所示对话框，选择“C++文件(.cpp)”模板，在“名称”文本框里输入 firstprog(也可以与项目名称相同)，扩展名可以为 c(默认为.cpp)，位置默认为 D:\C\firstproj\firstproj\，在此文件夹中会生成 firstprog.cpp 文件。

(6) 单击“添加”按钮进入如图 1-7 所示的源程序编辑界面，编辑程序。

图 1-6　新建源文件

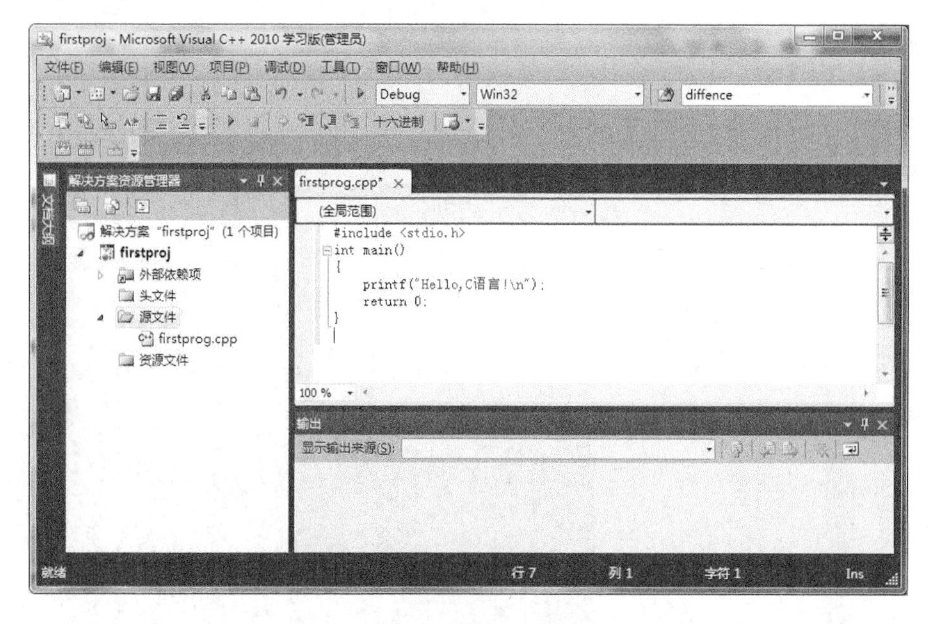

图 1-7　编辑源文件

(7) 在“解决方案资源管理器”窗口，右击 firstprog.cpp，选择“编译”选项或按 Ctrl+F7 键进行编译(生成 firstprog.obj)，右击 firstproj 项目，选择“生成”选项进行连接(生成 firstproj.exe)；也可以在“调试”菜单中选择“生成解决方案”选项或按 F7 键一次完成编译与连接，如图 1-8 所示。

(8) 若显示的信息为“生成：成功 1 个，失败 0 个，最新 0 个，跳过 0 个”，则表示源程序无语法、词法错误。此时在 D:\C\firstproj\firstproj\Debug 文件夹下将生成 firstprog.obj 等文件信息，在 D:\C\firstproj\Debug 文件夹下生成可执行文件 firstproj.exe。若有错误信息提示，表示源程序有误，应按照错误提示信息指示对源程序进行修改，直到编译和连接通过。

(9) 按 Ctrl+F5 快捷键，即可执行文件 firstproj.exe，执行结果如图 1-9 所示。

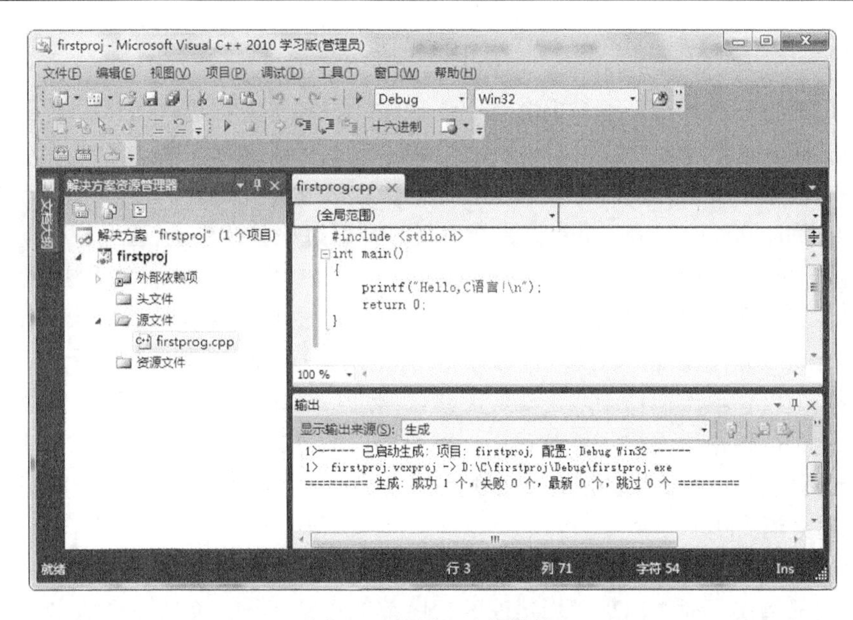

图 1-8　编译、连接结果

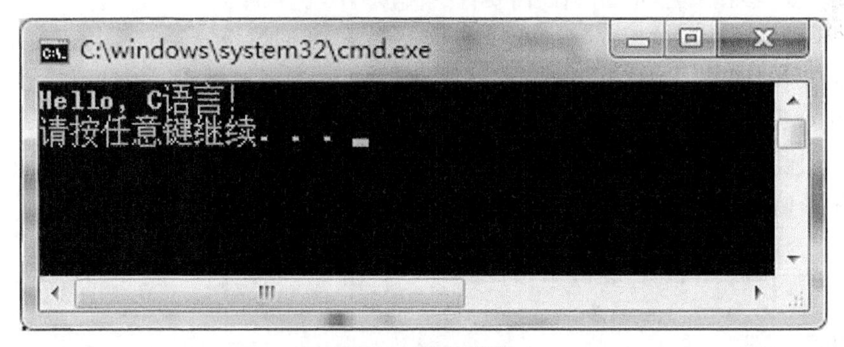

图 1-9　执行程序

(10) 当编译通过后，也可对程序进行单步调试，按快捷键 F10，在输出窗口中将显示每一步执行后变量值的变化情况(图 1-10)。

图 1-10　单步跟踪调试

3. 调试程序中的错误

程序调试是将编制的程序运行前，用手工或编译程序等方法进行测试，修正语法错误和逻辑错误的过程。这是保证计算机信息系统正确性的必不可少的步骤。

程序中的错误主要有两类：一是语法、词法错误，它是在编译和连接阶段出现的，可由 VC 2010 在编译时发现；二是逻辑错误，在运行时可通过检验结果是否正确发现。

(1) 语法、词法错误。语法错误产生的原因是源程序违背了 C 语言的语法规则。在编译、连接过程中，若程序有语法错误，系统将在输出窗口中显示错误信息。除语法错误信息外，还有警告(Warnings)信息。若只有警告信息而没有错误信息，程序可正常运行，但可能存在某种潜在的错误。可在输出窗口中双击相应的错误信息，系统将自动定位到源程序中错误所在的语句行，此时可根据错误提示修改程序。需要指出的是，在编译和连接程序时，常常出现由于一个错误引起若干条错误的信息，在修改时，第一条很重要，很可能修改第一条错误后，其他错误也随之消失了。

(2) 逻辑错误。逻辑错误主要表现在程序运行后得到的结果与预期设想的不一致，这就有可能出现了逻辑错误。通常出现逻辑错误的程序都能正常运行，系统不会给出提示信息，所以很难发现。要发现和改正逻辑错误需要仔细阅读并分析程序。

检查逻辑错误，首先分析程序的算法是否正确，然后通过设置断点，让程序执行到断点，在 Debug 窗口中观察程序中变量的值来分析程序中的错误。其操作过程如下。

① 单击要设置断点的行，再使用快捷键 F9 设置断点。

② 按快捷键 F5 使程序执行到断点，此时在窗口下增加了一个局部变量窗口(显示程序中各变量的值)及监视窗口(可输入变量或表达式，以观察其值)，如图 1-11 所示。

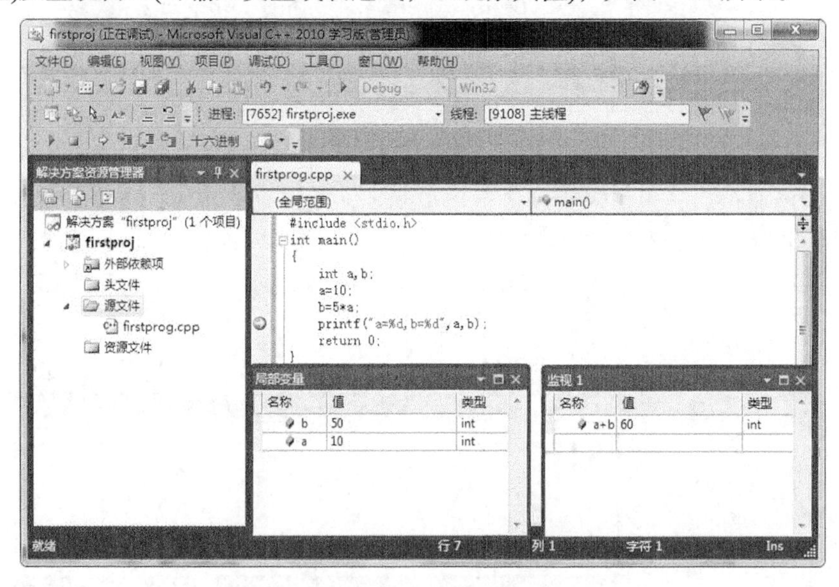

图 1-11　设置、运行断点窗口

1.2.2　例题解析

(1) 分析下面程序的执行结果。

```
#include <stdio.h>                              /*包含标准库函数*/
```

```
int main()                                    /*主函数*/
{
    printf("我是C语言，谢谢你关注我哦!\n");    /*输出双引号中字符串的内容,
                                                \n表示换行*/
    return 0;                                 /*函数正常返回*/
}
```

答案：我是 C 语言，谢谢你关注我哦!

【解析】这是本书的第一个程序，程序的功能很简单，就是打印输出“我是 C 语言，谢谢你关注我哦!”这句话。每条语句的功能见注释。

(2) “双十一”期间，小花购物车里放了一双鞋 156 元、一件大衣 225 元、一条裙子 90 元、各种食品 120 元，请问小花购置上述物品需付多少钱?

```
#include <stdio.h>
int main()
{
    int coat,shoes,foods,skirt,bill;
    coat=225;
    shoes=156;
    skirt=90;
    foods=120;
    bill =coat+shoes+foods+skirt;
    printf("bill=%d\n",bill);
    return 0;
}
```

答案：bill=591

【解析】这是一个简单的数学求和问题。定义 5 个整型变量 coat，shoes，foods，skirt，bill 分别用来存放大衣、鞋、食品、裙子的价格及其总价；“printf("bill=%d\n", bill);”执行时，双引号中的“bill=”按原样输出，在“%d”的位置上代以一个十进制整数值，printf 函数中括号内逗号右端的 bill 是要输出的变量，求和后它的值是 591，它应出现在“%d”的位置上。因此程序运行输出以下信息：bill=591。

(3) 下面程序的功能是：在屏幕上输出“你有没有觉得 C 语言萌萌哒!”。请分析错误。

```
int main()
{
    printf("你有没有觉得C语言萌萌哒! \n")
    return 0
}
```

答案：程序开头加上头文件#include <stdio.h>，语句体中每条语句后面加“;”。

【解析】本程序仍然只是打印输出一句话。语句虽少，但有三处出错。开头缺少头文件#include <stdio.h>；语句体中两条语句结束处都没有“;”。

(4) 下面程序的功能：已知手机的价格，输入购买数量，计算消费总金额。请分析错误。

```
#include <stdio.h>
int main()
{
     int num,total, price;
     scanf("%d", &num);
     price=2500;
     total=num*price;
     printf("total=",total);
     return 0;
}
```

答案：“printf("total=", total);” 修改为 “printf("total=%d ", total);”。

【解析】本程序的错误在打印语句中，“printf("total=", total);” 的 “=” 后面少了 “%d”，程序就只会输出 “total=”，而得不到正确结果，对于这种非语法错误，系统是不会报错的。

1.3　拓 展 知 识

最初，计算机语言非常混乱，高级语言根本不存在，连固定的语言形式也没有。1960 年出现的 ALGOL 60 是一种面向问题的高级语言，它离硬件比较远，不宜用来编写系统程序。1963 年英国的剑桥大学推出了 CPL(combined programming language)。CPL 在 ALGOL 60 的基础上接近硬件一些，但规模比较大，难以实现。1967 年英国剑桥大学的 Matin Richards 对 CPL 做了简化，推出了 BCPL(basic combined programming language)。

1970 年，美国贝尔实验室的 Ken Thompson 使用了 BCPL，虽然他觉得很不错，但他认为如果想在一台 PDP-7 上使用 BCPL，就必须精简 BCPL。Ken Thompson 深入地研究后，开发出了一门新的语言，命名为 B，它是 BCPL 的一个简化版本，他认为这是一门很好的语言。Ken Thompson 用 B 语言写了第一个 UNIX 操作系统，在 PDP-7 上实现。1971 年在 PDP-11/20 上实现了 B 语言，并写了 UNIX 操作系统。但 B 语言过于简单，功能有限。

然而，B 语言没有类型的概念。Dennis M. Ritchie 意识到了这一点，他深入研究后，在 1972～1973 年，对 B 语言进行了扩展。Dennis M. Ritchie 添加了结构和类型，他把这门语言叫作 C 语言，因为 C 是 B 的下一个字母，无论是在字母表还是在 BCPL 中。C 语言既保持了 BCPL 和 B 语言的优点(精练、接近硬件)，又克服了它们的缺点(过于简单、数据无类型等)。最初的 C 语言只是为描述和实现 UNIX 操作系统提供一种工作语言而设计的。1973 年，Ken Thompson 和 Dennis M. Ritchie 合作把 UNIX 的 90%以上用 C 语言改写，即 UNIX 第 5 版。后来，C 语言做了多次改进，但主要还是在贝尔实验室内部使用。直到 1975 年 UNIX 第 6 版公布后，C 语言的突出优点才引起人们的普遍关注。1977 年，为了推广 UNIX 操作系统，Dennis M. Ritchie 发表了不依赖于具体机器系统的 C 语言编译文本《可移植的 C 语言编译程序》，使 C 语言移植到其他机器时所需做的工作大大简化了，这也推动了 UNIX 操作系统迅速地在各种机器上实现。随着 UNIX 操作系统的日益广泛使用，C 语言也迅速得到推广。C 语言和 UNIX 操作系统可以说是一对孪生兄弟，在发展过程中相辅相成。

1978 年，Brian W. Kernighan 和 Dennis M. Ritchie 合作出版了 *The C Programming Language*，这为人们带来了很多喜悦，人们看到了 C 语言的美妙，“耶，这门语言真的很棒！”人们纷纷

议论。这本书中介绍的 C 语言成为后来广泛使用的 C 语言版本的基础，被称为标准 C。1983 年，美国国家标准化协会(American National Standards Institute, ANSI)根据 C 语言问世以来各种版本对 C 语言的发展和扩充，制定了新的标准，称为 ANSI C。Brian W. Kernighan 和 Dennis M. Ritchie 在 1988 年修改了他们的经典著作 *The C Programming Language*，按照 ANSI C 标准重新写了该书。1987 年，ANSI 又公布了新标准——87 ANSI C。1990 年，国际标准化组织(International Standard Organization, ISO)接受 87 ANSI C 为 ISO C 的标准(ISO 9899：1990)。

C 语言很快流传开来。新的特征不断地添加，但并不是被所有的编译器厂商支持。人们开始感到沮丧，开始呼吁“我们需要标准 C!”，ANSI 响应了这一要求，在 1989 年宣布：“请注意，我将给所有的程序员带来快乐。因为在今天，C 的标准 X3.159：1989 将诞生。”接着 ISO 采纳了这一标准，发布了 ISO/IEC 9899：1990。这又一次为人们带来喜悦。

早在 C 标准发布之前，Bjarne Stroustrup 就已经致力于改善 C 语言。Stroustrup 并没有止步不前，他在对 C 语言做了很大的改变后，产生了一门新的语言，他命名这门语言为 C++，就是 C 的增强的意思。他继续努力，在 1986 年出版了 *The C++ Programming Language*，再一次给人们带来了喜悦。

像所有的事物一样，C++语言也在不断地进化着。模板、异常处理(exception handling)以及其他的特征陆续被添加到 C++语言中，人们再次为新事物感到兴奋。

语言的发展自此更加迅速和多样化。1991 年，Guido Van Rossum 讨厌带有大括号的编程语言，于是他参考 Monty Python 和 Flying Circus 语法，发明了 Python。

1994 年，Rasmus Lerdorf 为他个人主页的 CGI 脚本制作了一个模板引擎，用来统计自己网站的访问量。这个文件被上传到网上之后，用它的人越来越多。后来又用 C 语言重新编写，还添加了数据库访问功能。这门语言就是 PHP。

1995 年，Brendan Eich 利用周末时间设计了一种语言，用于为世界各地的网页浏览器提供支持，并最终推出了 Skynet。他最初去了 Netscape(网景公司)，并将这门语言命名为 LiveScript，后来在代码审查期间 Java 逐渐开始风靡，因此他们决定将其改名为 JavaScript。后来 JavaScript 又更名为 ECMAScript。但是人们还是习惯称它为 JavaScript。

1996 年，James Gosling 发明了 Java，这是第一个真正意义上面向对象的编程语言，其中设计模式在实用主义中占统治地位。

由于微软亟待一种抗衡 Java 的工具，2001 年，Anders Hejlsberg 参考 Java 的特征发明了 C#。那些不喜欢 Java 的人对 C#非常满意。

本 章 习 题

一、选择题

1. C 语言程序的基本单位是(　　)。

A. 程序行　　B. 字符　　C. 函数　　D. 语句

2. 一个 C 语言程序的执行是从(　　)。

A. 本程序的主函数开始到本程序的主函数结束

B. 本程序的第一个函数开始到本程序的最后一个函数结束

C. 本程序的主函数开始到本程序的最后一个函数结束

D. 本程序的第一个函数开始到本程序的主函数结束

3. 对于一个正常运行的 C 程序，下列叙述中正确的是(　　)。

A. 程序的执行总是从 main 函数开始，在 main 函数结束

B. 程序的执行总是从程序的第一个函数开始，在 main 函数结束

C. 程序的执行总是从 main 函数开始，在程序的最后一个函数中结束

D. 程序的执行总是从程序中的第一个函数开始，在程序的最后一个函数中结束

4. 下列语句或命令中，不符合 C 程序书写规则的是(　　)。

A. int a;　　B. a=a+1;　　C. int a、b;　　D. #include <stdio.h>

5. 以下说法中正确的是(　　)。

A. C 语言程序总是从第一个函数开始执行

B. 在 C 语言程序中，要调用的函数必须在 main 函数中定义

C. C 语言程序总是从 main 函数开始执行

D. C 语言程序中的 main 函数必须放在程序的开始部分

6. C 语言程序从 main 函数开始执行，所以这个函数要写在(　　)。

A. 程序文件的开始　　B. 程序文件的最后

C. 它所调用的函数的前面　　D. 程序文件的任何位置

7. 以下叙述中正确的是(　　)。

A. C 语言的源程序不必通过编译就可以直接运行

B. C 语言中的每条可执行语句最终都将被转换成二进制的机器指令

C. C 源程序经编译形成的二进制代码可以直接运行

D. C 语言中的函数不可以单独进行编译

8. 以下叙述正确的是(　　)。

A. 在 C 程序中，main 函数必须位于程序的最前面

B. C 程序的每行只能写一条语句

C. C 语言本身没有输入、输出语句

D. 在对一个 C 程序进行编译的过程中，可以发现注释中的拼写错误

9. 用 C 语言编写的代码程序(　　)。

A. 是一个源程序　　B. 可立即执行

C. 经过编译后即可执行　　D. 经过编译解释才能执行

10. 下列说法错误的是(　　)。

A. 主函数可以分为两个部分：函数首部和函数体

B. 主函数可以调用任何非主函数的其他函数

C. 任何非主函数都可以调用其他任何非主函数

D. 程序可以从任何非主函数开始执行

二、填空题

1. C 语言中一个函数由函数首部和________两部分组成。

2. 在一个 C 源程序中，注释部分两侧的分界符为___①___和___②___。

3. C 语言的源程序文件的扩展名是___①___；经过编译后，生成目标文件的扩展名是___②___；经过连接后，生成可执行文件的扩展名是___③___。

4. 除编译预处理语句外，所有 C 语句都必须以________表示结束。

5. 在 C 程序中，输入操作由库函数___①___完成，输出操作由库函数___②___完成。

三、程序分析题

1. 分析下面程序的执行结果。

```
#include <stdio.h>
int main()
{
     printf("Hello,China!\n");
     printf("Hello Kitty!\n");
     return 0;
}
```

2. 分析下面程序的执行结果。

```
#include <stdio.h>
int main()
{
     int length,width,sum;
     length=120; width=30;
     sum=length+width;
     printf("sum=%d\n",sum);
     return 0;
}
```

四、程序改错题

1. 下面程序的功能是：在屏幕上输出“你是低头族吗？”，请分析错误，改正后上机调试。

```
#include <stdio.h>
int main()
{
     PRINTF("你是低头族吗？\n",sum);
     return 0
}
```

2. 下面程序的功能是：春节促销，商品甩卖，小明原来看中的一件衣服打 5 折了，打折后的价格是多少呢。请分析错误，改正后上机调试。

```
#include <stdio.h>
int main()
{
     int price1,price2=2500;
     price1=2500;
     price2=price1/2;
     printf("price after discount is %d\n");
     return 0;
}
```

第 2 章　数据类型、运算符与表达式

【本章内容】

(1) 掌握 C 语言常用数据类型。

(2) 掌握变量和常量的区别。

(3) 掌握 C 语言的运算符和表达式。

【重点难点】

(1) 运算符优先级。(重点、难点)

(2) 数据类型转换。(重点)

2.1　知识点解析

2.1.1　数据类型和数据类型转换

C 语言支持的数据类型有基本类型、构造类型、指针类型(*)和空类型(void)。基本类型又包括字符型(char)、整型(int，long)、实型(float，double)和枚举类型(enum)；构造类型包括数组类型([ ])、结构体类型(struct)、共用体类型(union)。各类型的数据占用不同的内存空间，占用空间小的数据类型属于低类型，反之属于高类型，在与高类型数据进行运算时，低类型的数据可以自动转换为高类型，如图 2-1 所示。

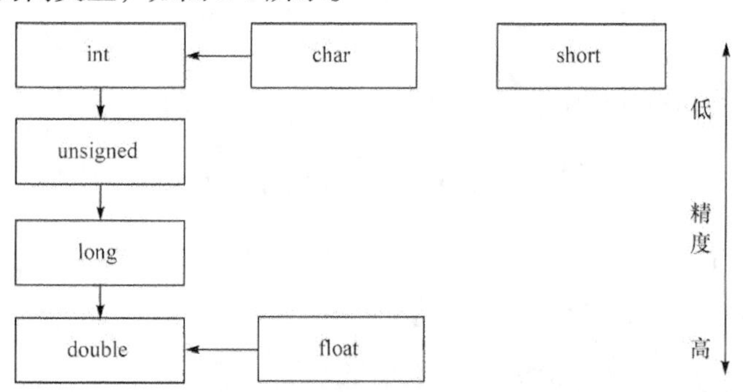

图 2-1　C 语言类型转换示意图

横向表示无条件的转换，如在计算前，char 类型的数据要先转换成 int 类型的数据再参与计算。竖向表示精度低的数据与精度高的数据一起运算时，低精度的数据向高精度的数据类型转换，然后参与运算，结果为转换后的数据类型。

此外，在赋值时，赋值符号右边的表达式的值的类型自动转换为其左边变量的类型。在必要的时候，可以用强制类型转换实现类型之间的强制转换，其格式为：(类型)表达式。

强制类型转换时，得到所需类型的中间变量，原来变量的类型不会改变。

2.1.2　运算符和表达式

C 语言的表达式是由运算符连接常量、变量、表达式、函数等运算对象构成的式子。其中，变量和常量均在内存中占用一定的存储空间，所占用存储空间的大小取决于所属的数据类型，变量的值在程序运行过程中允许改变，而常量则在程序运行过程中不允许改变。按照运算符的种类，C 语言的表达式有算术表达式、赋值表达式、关系表达式、逻辑表达式、条件表达式、逗号表达式等类型，表达式的计算按照运算符的优先级从高到低进行(表 2-1)，同级单目运算按右结合(从右向左)进行，同级双目运算按左结合(从左向右)进行。

表 2-1　C 语言运算符及其优先级

优先级	运算符	名称或含义	使用形式	结合方向	说明
1	[ ]	数组下标	数组名[常量表达式]	左到右	
	()	圆括号	(表达式)/函数名(形参表)		
	.	成员选择(对象)	对象.成员名		
	->	成员选择(指针)	对象指针->成员名		
2	–	负号运算符	–表达式	右到左	单目运算符
	(类型)	强制类型转换	(数据类型)表达式		
	++	自增运算符	++变量名/变量名++		单目运算符
	––	自减运算符	––变量名/变量名––		单目运算符
	*	取值运算符	*指针变量		单目运算符
	&	取地址运算符	&变量名		单目运算符
	!	逻辑非运算符	!表达式		单目运算符
	～	按位取反运算符	～表达式		单目运算符
	sizeof	长度运算符	sizeof(表达式)		
3	/	除	表达式/表达式	左到右	双目运算符
	*	乘	表达式*表达式		双目运算符
	%	余数(取模)	整型表达式%整型表达式		双目运算符
4	+	加	表达式+表达式	左到右	双目运算符
	–	减	表达式–表达式		双目运算符
5	<<	左移	变量<<表达式	左到右	双目运算符
	>>	右移	变量>>表达式		双目运算符
6	>	大于	表达式>表达式	左到右	双目运算符
	>=	大于等于	表达式>=表达式		双目运算符
	<	小于	表达式<表达式		双目运算符
	<=	小于等于	表达式<=表达式		双目运算符
7	= =	等于	表达式= =表达式	左到右	双目运算符
	!=	不等于	表达式!=表达式		双目运算符
8	&	按位与	表达式&表达式	左到右	双目运算符

续表

<table>
<tr><th>优先级</th><th>运算符</th><th>名称或含义</th><th>使用形式</th><th>结合方向</th><th>说明</th></tr>
<tr><td>9</td><td>^</td><td>按位异或</td><td>表达式^表达式</td><td>左到右</td><td>双目运算符</td></tr>
<tr><td>10</td><td>|</td><td>按位或</td><td>表达式|表达式</td><td>左到右</td><td>双目运算符</td></tr>
<tr><td>11</td><td>&&</td><td>逻辑与</td><td>表达式&&表达式</td><td>左到右</td><td>双目运算符</td></tr>
<tr><td>12</td><td>||</td><td>逻辑或</td><td>表达式||表达式</td><td>左到右</td><td>双目运算符</td></tr>
<tr><td>13</td><td>?:</td><td>条件运算符</td><td>表达式 1? 表达式 2: 表达式 3</td><td>右到左</td><td>三目运算符</td></tr>
<tr><td rowspan="11">14</td><td>=</td><td>赋值运算符</td><td>变量=表达式</td><td rowspan="11">右到左</td><td rowspan="11"></td></tr>
<tr><td>/=</td><td>除后赋值</td><td>变量/=表达式</td></tr>
<tr><td>*=</td><td>乘后赋值</td><td>变量*=表达式</td></tr>
<tr><td>%=</td><td>取模后赋值</td><td>变量%=表达式</td></tr>
<tr><td>+=</td><td>加后赋值</td><td>变量+=表达式</td></tr>
<tr><td>-=</td><td>减后赋值</td><td>变量-=表达式</td></tr>
<tr><td><<=</td><td>左移后赋值</td><td>变量<<=表达式</td></tr>
<tr><td>>>=</td><td>右移后赋值</td><td>变量>>=表达式</td></tr>
<tr><td>&=</td><td>按位与后赋值</td><td>变量&=表达式</td></tr>
<tr><td>^=</td><td>按位异或后赋值</td><td>变量^=表达式</td></tr>
<tr><td>|=</td><td>按位或后赋值</td><td>变量|=表达式</td></tr>
<tr><td>15</td><td>,</td><td>逗号运算符</td><td>表达式,表达式,…</td><td>左到右</td><td>从左向右顺序运算</td></tr>
</table>

2.2 案例分析

1. 不是 C 语言提供的合法关键字的是(　　)。

A. switch　　B. cher　　C. case　　D. default

答案：B。

【解析】A、C、D 显然都是 C 语言的关键字，但 B 不是，只是一个普通变量，char 才是代表字符型数据的关键字。这类题目没有其他技巧，只能牢记 C 语言常用关键字。

2. 下列正确的标识符是(　　)。

A. -a1　　B. a[i]　　C. a2_i　　D. int t

答案：C。

【解析】C 语言中的标识符只能由字母、数字、下划线三种字符组成，而且第一个字符必须是字母或者下划线。

3. 下列可以正确表示字符型常量的是(　　)。

A. '\t'　　B. "a"　　C. "\n"　　D. 297

答案：A。

【解析】C 语言中字符型常量是用单引号括起来的单个字符，转义字符'\'，如'\t'视为单个字符，"\n"是双引号括起来的，是字符串，297 则是个整型常量。

4. C 语言中，关系表达式和逻辑表达式的值是(　　)。

A. 0　　B. 0 或 1　　C. 1　　D. 'T'或'F'

答案：B。

【解析】C 语言中关系表达式和逻辑表达式的值都是逻辑值，即“真”或“假”，但 C 语言中以“1”代表“真”，以“0”代表“假”。所以答案应该为 B。

5. 有“int *w*=11, *x*=12, *y*=3, *m*;”执行下面语句后 *m* 的结果是(　　)。

```
m=(w<x)?w: x;
m=(m<y)?m: y;
```

A. 1　　B. 2　　C. 3　　D. 以上结果都不对

答案：C。

【解析】第一条语句执行后 *m*=11，因为 11<12 为真所以返回 *w* 的值，为 11；第二句 11<3 为假，返回 *y* 的值，为 3，所以 *m*=3。

6. 已知字母 A 的 ASCII 码为十进制数 65，且 c_2 为字符型，则执行语句“c_2='A'+'6'−'3';”后，c_2 中的值为(　　)。

A. 68　　B. 'D'　　C. 错误　　D. 'd'

答案：B。

【解析】C 语言中字符的运算其实就是字符 ASCII 码值的运算，所以此式就是'A'的 ASCII 码值再加 3 为 68，而 c_2 又是字符型，所以再将 68 转成 ASCII 码字符'D'。C 语言中字符型数据和整型数据是通用的，但要注意字符型数据只占 1 字节，只能存放 0～255 范围内的整数。

7. 在 C 语言中，字符型数据所占的内存空间是__________。

答案：1 字节。

【解析】C 语言所有的编译系统中都规定以 1 字节来存放一个字符。

8. 在 C 语言程序中，表达式 11/5 的结果是__________。

答案：2。

【解析】C 语言中两个整数相除结果仍是整数，所以是 2，而不是 2.2。

9. 已知“int *x*=5, *y*=5, *z*=5;”，执行语句“*x*%=*y*+*z*;”后，*x* 的值是__________。

答案：5。

【解析】这是一个复合的赋值运算，*x*%=*y*+*z* 其实就是 *x*=*x*%(*y*+*z*)，即 *x*=5%(5+5)，所以 *x*=5。

10. 分析下面程序的执行结果。

```
#include <stdio.h>
int main()
{
     int a=1,b=4,k;
     k=(a++<=10)&&(!(b--<=0));
     printf("%d,%d,%d",k,a,b);
     return 0;
}
```

【解析】++和−−运算符放在变量后时，先取变量的值，赋值给表达式，再使变量的值加 1

或减 1。故 *a*++<=10 是先取 *a* 的值 1，赋给 *a*++，即 *a*++=1，1<=10，其值为真，再使 *a* 加 1 得 2。由于表达式 *a*++<=10 的值为真，而表达式(*a*++<=10)和!(*b*-- <=0))通过&&连接，需要计算表达式(!(*b*-- <=0))的值。同样的方法算出 *b*-- <=0 为假，则!(*b*-- <=0)为真，所以 *k*=1&&1，结果为 1。*b* 的值减 1 得 3。因此最后输出结果应该为 1,2,3。

若将程序中语句“*k*=(*a*++<=10)&&(!(*b*-- <=0));”改为“*k*=(*a*++<=10)||(!(*b*--<=0));”，由于表达式 *a*++<=10 的值为真，则“||”后面的式子就不需要计算了，*b* 的值不变，那么程序输出的就是 1, 2, 4。

11. 分析下面程序的执行结果。

```
#include <stdio.h>
int main()
{
    int a;
    printf("%d",(a=2*4,a*4,a+4));
    return 0;
}
```

【解析】这是一个赋值运算和逗号运算的混合运算。逗号运算符在所有运算符中优先级别最低，所以先算 *a*=2*4，于是 *a*=8，再算 *a**4，等于 32，最后算 *a*+4，等于 12。整个逗号运算表达式的值是 12。

12. 下面程序的功能是：输入一个华氏温度值，在屏幕上显示其摄氏温度的对照值。华氏温度转换为摄氏温度的公式为 $C=(5/9)*(F-32)$，请分析错误，改正后上机调试。

```
#include <stdio.h>
int main()
{
    float fahr,celsius;
    scanf("%f",&fahr);
    celsius=5/9*(fahr-32);
    printf("celsius=%f\n", celsius);
    return 0;
}
```

【解析】本题错误在于 5/9，两个整数相除结果仍是整数，所以 5/9 的结果为 0，那么不管 fahr 的值是多少，最终结果就是 0，所以应该将 5 改成 5.0。

13. 下面程序的功能是：已知 *b*=3，*x*=2.5，*y*=4.3，求表达式 *x*+*b*%3*(int)(*x*+*y*)/2 的值。请分析错误，改正后上机调试。

```
#include <stdio.h>
int main()
{
    int b=3;
    printf("%f\n",x+b%3*(int)(x+y)/2);
    float x=2.5f,y=4.3f;
```

```
    return 0;
}
```

【解析】本题的错误在于，程序中第 5、6 行语句顺序颠倒了。应该把“float x=2.5f, y=4.3f;”放到打印语句的前面。变量的使用一定要遵循“先定义，后使用”的原则。

2.3　拓展知识

匈牙利命名法(Hungarian notation)是一种编程时的命名规范。据说这种命名法是一位名叫 Charles Simonyi 的匈牙利程序员，于 1972～1981 年在施乐帕洛阿尔托研究中心工作时发明的，后来他成为微软总设计师，于是这种命名法就通过微软的各种产品和文档资料向世界传播开了。现在，大部分程序员不管使用什么软件进行开发，或多或少都使用了这种命名法，具体如表 2-2、表 2-3 所示。

表 2-2　常用属性部分

属性	简写	属性	简写
全局变量	g_	C++类成员变量	m_
常量	c_	静态变量	s_

表 2-3　常用类型部分

类型	简写	类型	简写
指针	p	函数	fn
长整型	l	浮点型	f
字符串	sz	文件	f
短整型	n	双精度浮点	d
字符	ch(通常用 c)	整型	i(通常用 n)
计数	c(通常用 cnt)	无符号	u

匈牙利命名法具备语言独立的特性，并且首次在 BCPL 中大量使用。由于 BCPL 只有机器字这一种数据类型，因此这种语言本身无法帮助程序员来记住变量的类型。匈牙利命名法通过明确每个变量的数据类型来解决这个问题。

在匈牙利命名法中，一个变量名由“属性+类型+对象描述”顺序组成，以便程序员使用变量时对变量的类型和其他属性有直观的了解。

例如，pfnEatApple：pfn 是类型描述，表示指向函数的指针，EatApple 是变量对象描述，所以它表示指向 EatApple 函数的函数指针变量。

g_cch：g_是属性描述，表示全局变量，c 和 ch 分别是计数类型和字符类型，一起表示变量类型，这里忽略了对象描述，所以它表示一个对字符进行计数的全局变量。

匈牙利命名法具有如下优点。

(1) 从名字中就可以看出变量的类型。

(2) 拥有类似语义的多个变量可以在一个代码块中使用，如 dwWidth，iWidth，fWidth，dWidth。

(3) 变量名更易记忆和书写。

(4) 可以使变量名更加一致。

(5) 决定一个变量名的时候可以更机械化、更快。

(6) 不合适的类型转换和操作可以在阅读代码的时候被检测出来。

本 章 习 题

一、选择题

1. 属于实型常量的是(　　)。

A. E10　　B. 1E10　　C. 10　　D. 10L

2. 在C语言中合法的字符常量是(　　)。

A. '\084'　　B. '\x43'　　C. 'ab'　　D. "\0"

3. 若有以下定义和语句：

```
int u=010,v=0x10,w=10;
printf("%d,%d,%d\n", u, v, w);
```

则输出结果是(　　)。

A. 8, 16, 10　　B. 10, 10, 10　　C. 8, 8, 10　　D. 8, 10, 10

4. 若变量 *a* 是int类型，并执行了语句“*a*='A'+1.6;”，则正确的叙述是(　　)。

A. *a* 的值是字符C　　B. *a* 的值是浮点型

C. 不允许字符型和浮点型相加　　D. *a* 的值是字符'A'的ASCII值加上1

5. 表达式9+'b'+9.5–123.45/'a'的结果类型是(　　)。

A. long　　B. double　　C. int　　D. unsigned float

6. 若 *x* 和 *y* 都是int型变量，*x*=100，*y*=200，且有下面的程序片段：

```
printf("%d",(x,y));
```

上面程序片段的输出结果是(　　)。

A. 200　　B. 100

C. 100 200　　D. 输出格式符不够，输出不确定值

7. C语言中，运算对象必须是整型数的运算符是(　　)。

A. %　　B. /　　C. %和/　　D. **

8. 设有“int *x*=11;”，则表达式(*x*++*1/3)的值是(　　)。

A. 3　　B. 4　　C. 11　　D. 12

9. 设有C语句“int *x*=2, *y*=4, *z*=6;”，则下面表达式为0的是(　　)。

A. *x*&&*y*　　B. *x*<=*y*　　C. *x*||*y*+*z*&&*y*–*z*　　D. !((*x*<*y*)&&!*z*||1)

10. 语句“int *i*, *j*, *k*; *k*=(*i*=3)+(*j*=10–6);”执行后，变量 *k* 的值为(　　)。

A. 4　　B. 3　　C. 7　　D. 14

11. 有定义“int *x*=5, *y*=6, *z*=7;”，执行完表达式“*x*++>––*y*&&*y*++>*z*––&&++*z*”后，*x*，*y*，*z* 的值分别为(　　)。

A. 5, 6, 7　　B. 6, 5, 7　　C. 6, 6, 6　　D. 6, 6, 7

12. 执行完语句序列“int *a*, *b*, *c*; *a*=*b*=*c*=2; ++*a*||++*b*&&++*c*;”后，变量 *b* 的值为(　　)。

A. 错误　B. 0　C. 1　D. 2

13. 下列说明语句中正确的是(　　)。

A. int $x=y=z=0$;　B. int $z=(x+y)++$;　C. $x+=5==4$;　D. $a\%=3.6$

14. 下列语句中，(　　)是赋值语句。

A. $a=5+b+c=a+5$;　B. $a=5+b++=a+5$;　C. $a=5+b, b++, a+5$;　D. $a=(5+3, c=a+5)$;

15. 若有“float x=2.4, y=4.2; int z=10;”，则表达式“$x+z\%4*(\text{int})(x+y)\%2/3$”的值为(　　)。

A. 4.0　B. 3.5　C. 4.9　D. 2.4

16. 若程序中需要表达 $x\geqslant y\geqslant z$，则应使用 C 语言表达式(　　)。

A. (x>=y)&&(y>=z)　B. (x>=y)and(y>=z)　C. (x>=y>=z)　D. (x>=y)&(y>=z)

17. 若有 C 语句“int k=6; float x=1.2;”，则表达式(int)($x+k$)的值为(　　)。

A. 8　B. 7.2　C. 7　D. 6

18. 下面程序段的输出结果是(　　)。

```
int a=9;
a+=a-=a+a;
printf("%d\n",a);
```

A. 18　B. 9　C. −18　D. −9

19. “int x=3, y=4, z=0;”，则执行“$z=x>y?(10+x, 10-x): (25+y, 25-y)$;”后，变量 z 的值为(　　)。

A. 13　B. 7　C. 29　D. 21

20. 表达式“$k=(6<5)?4: 3?2: 1$”的值为(　　)。

A. 1　B. 2　C. 3　D. 4

二、填空题

1. C 语言中的标识符只能由___①___、___②___、___③___三种字符组成，而且第一个字符必须是___④___或者___⑤___。

2. '\72'在内存中占___①___字节，"\72"在内存中占___②___字节。

3. C 语言中的常量分为___①___常量和___②___常量两种，定义___③___常量需要使用预处理命令#define，习惯上常量名用___④___(大写或小写)。

4. 在 C 语言中，变量用________(大写或小写)。

5. 在 C 语言中，要求对所有用到的变量，遵循先定义后________的原则。

6. 执行完语句序列“int a, b, c; $a=b=c=0$; ++a||++b&&++c;”后，变量 a, b, c 的值为________。

7. 执行完语句序列“int a, b, c; $a=b=c=0$; a++||++b&&++c;”后，变量 a, b, c 的值为________。

8. 若 a 是 float 型变量，则表达式 a=1, a+1, a+=a 的值为________。

三、程序分析题

1. 分析下面程序的执行结果。

```
#include <stdio.h>
#define price 20
```

```c
int main()
{
      int num,total;
      num=8;
      total=num*price;
      printf("total=%d",total);
      return 0;
}
```

2. 分析下面程序的执行结果。

```c
#include <stdio.h>
int main()
{
      int a,n=3;
      a=8;a+=a;printf("%d,",a);
      a=8;a-=n;printf("%d,",a);
      a=8;a*=n+1;printf("%d,",a);
      a=8;a/=a+a;printf("%d,",a);
      a=8;a%=(n%=2);printf("%d,",a);
      return 0;
}
```

3. 分析下面程序的执行结果。

```c
#include <stdio.h>
int main()
{
      int i,j,m,n;
      i=8;
      j=10;
      m=++i;
      n=j++;
      printf("%d,%d,%d,%d\n",i,j,m,n);
      return 0;
}
```

(1) 运行程序，观察运行结果。
(2) 将第 7，8 行改为

```c
m=i++;
n=++j;
```

运行程序，观察运行结果。
(3) 程序改为

```c
#include <stdio.h>
```

```
int main()
{
     int i,j;
     i=8;
     j=10;
     printf("%d,%d\n",i++,j++);
     return 0;
}
```

运行程序，观察运行结果。

(4) 在(3)的基础上，将 printf 语句改为

```
printf("%d,%d\n",++i, ++j);
```

运行程序，观察运行结果。

(5) 再将 printf 语句改为

```
printf("%d,%d,%d,%d \n",i,j, i++, j++);
```

运行程序，观察运行结果。

四、程序改错题

1. 以下程序的功能：求 *a*，*b*，*c* 三个数中的最大者，并输出最大值。请分析错误并改正后上机调试。

```
#include <stdio.h>
int main()
{
     float a,b,c,max,t;
     printf("please input a,b,c:\n");          /*提示输入变量 a,b,c 的值*/
     scanf("%f%f%f",&a,&b,&c);                 /*输入变量 a,b,c 的值*/
     t=a>b;
     max=t>c;
     printf("max=%f\n",max);
     return 0;
}
```

2. 以下程序的功能是：已知 a=3，b=4，c=5，求表达式“! $(x=a+b)+c-1$ && $b+c/2$”的值。请分析错误并改正后上机调试。

```
#include <stdio.h>
int main()
{
     int a=3,b=4,c=5;
     printf("%d\n", !(x=a+b)+c-1 && b+c/2);
     return 0;
}
```

第3章　顺序结构程序设计

【本章内容】

(1) 程序的控制结构。了解程序有哪些控制结构，理解顺序结构程序的特点。

(2) 语句。了解程序中的语句有哪几类，什么是复合语句。

(3) 数据的输入与输出。掌握从终端读取一个字符和向终端输出一个字符的方法。

【重点难点】

(1) 理解程序的顺序、选择和循环控制结构，理解顺序结构中语句的执行顺序。(重点)

(2) 掌握单字符数据输入与输出函数，掌握 getchar 和 putchar 的使用方法。(重点)

(3) 掌握格式化数据输入与输出函数。(难点)

3.1　知识点解析

本章将详细介绍单字符数据的输入与输出函数 getchar 和 putchar 的使用，使用前面已经介绍过的 printf 函数和 scanf 函数并进行对比。函数格式控制符有很多种，比较难记，也容易混淆，可以通过对比的方式来记忆。读懂书中的例题，能够编写一些简单的顺序结构的程序，为后续章节的学习打好基础。

1. 程序的控制结构

程序设计有顺序、选择和循环三种基本的控制结构，可用图 3-1 所示的程序流程图表示。

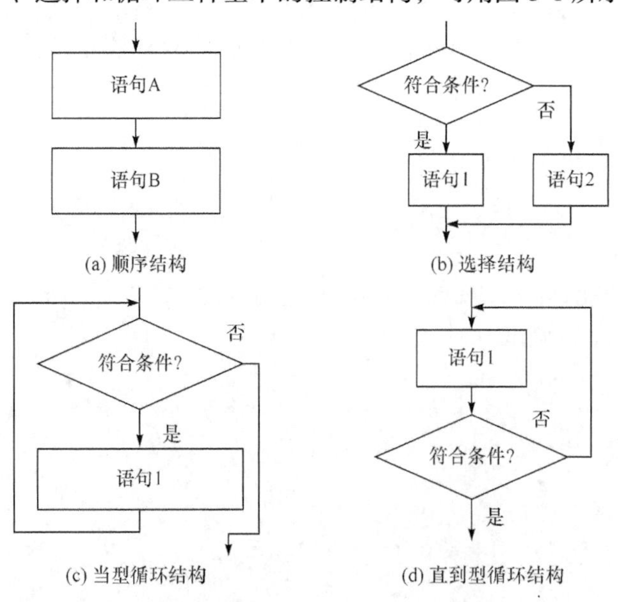

图 3-1　程序的三种基本控制结构

顺序结构是基本结构，是最简单的程序结构，也是最常用的程序结构。大多数情况下，顺序结构都是作为程序的一部分，与其他结构一起构成一个复杂的程序。

顺序结构可以独立使用，构成一个简单的完整程序，常见的输入、计算、输出三部曲的程序就是顺序结构，只要按照解决问题的顺序写出相应的语句，执行顺序是自上而下，依次执行。

2. 语句

C 语言每条简单语句以“;”结束，包括简单语句(表达式语句、函数调用语句、空语句)、复合语句、流程控制语句。多条语句可以书写在一行，也可以分行书写。单独的一个分号称为空语句，由{}括起来的若干语句构成一条复合语句。

语句是程序的基本组成部分，既要注意每一条语句的语法格式，又要注意该语句在程序中的作用。

3. 字符数据输入与输出

1) 单字符输入与输出

getchar 函数：从终端上输入一个字符，可以是可见字符，也可以是控制字符，如回车符。所获取的字符是以 ASCII 码的形式保存的。

函数一般形式为：getchar()。

函数的值就是从输入设备得到的字符，getchar 函数没有参数。该字符的值可以赋给字符变量，也可以赋给整型变量。

putchar 函数：向终端上输出一个字符，可以是可见字符，也可以是控制字符。

函数一般形式为：putchar(*c*)。

输出字符变量 *c* 的值，*c* 可以是字符型变量或整型变量。如果用于输出整型变量的值，则需要注意该值的大小。

2) 格式化输入与输出

scanf 函数：按指定格式从键盘读入数据，存入地址表指定的存储单元中，并按回车键结束。

函数的一般形式为：scanf("格式串", 地址表)。

printf 函数：按指定格式向显示器输出数据。

函数的一般形式为：printf("格式串", 输出表)。

3.2 案例分析

1. 分析下面的程序：

```
#include <stdio.h>
int main()
{
     char c1,c2;
     c1=97;
     c2=98;
     printf("c1=%c,c2=%c\n",c1,c2);
```

```
    printf("c1=%d,c2=%d\n",c1,c2);
    return 0;
}
```

(1) 运行时会输出什么信息？为什么？

(2) 如果将程序第5行和第6行改为：

```
c1=197;
c2=198;
```

运行时会输出什么信息？为什么？

【问题分析】

(1) main函数中的各语句组成顺序结构，按照先后次序执行。程序运行输出结果：

```
c1=a,c2=b
c1=97,c2=98
```

上述运行结果中第1行是将c_1，c_2按%c的字符格式输出，97是字符a的ASCII代码，98是字符b的ASCII代码。第2行是将c_1, c_2按%d的数值格式输出，所以输出两个十进制整数。

(2) 由于字符型数据是作为signed char类型处理的，字符的有效范围是0～127，超过此范围的处理方法，不同系统得到的结果也不同，因而用“%c”格式输出时，结果难以预料。

用“%d”格式输出时，输出$c_1=-59$，$c_2=-58$。这是按照补码形式输出的，内存字节中第1位为1时，作为负数。59与197之和等于256，58与198之和也等于256。

2. 用下面的scanf函数输入数据，使a=3，b=7，x=8.5，y=71.82，c_1='A'，c_2='a'。如何在键盘上输入？

```
#include <stdio.h>
int main()
{
    int a,b;
    float x,y;
    char c1,c2;
    scanf("a=%d b=%d",&a,&b);
    scanf("%f%f%c%c",&x,&y,&c1,&c2);
    printf("a=%d,b=%d,x=%f,y=%f,c1=%c,c2=%c\n",a,b,x,y,c1,c2);
    return 0;
}
```

【问题分析】按如下方式在键盘上输入(□表示空格)：

```
a=3□b=7
8.5□71.82Aa
```

各语句组成顺序结构，按照先后次序执行。输出结果是：

```
a=3,b=7,x=8.500000,y=71.820000,c1=A,c2=a
```

3. 假设球的半径为 r，则球的体积为 4*PI*r*r*r/3。从键盘输入球的半径，计算并输出球的体积(PI 表示圆周率，取 3.14159)。

【问题分析】采用顺序结构设计程序。首先定义一个 float 类型的变量 r，用于保存从键盘输入的球的半径，然后应用公式 v=4*PI*r*r*r/3，PI 取 3.14159，计算球的体积，最后输出球的体积。

需要注意的问题是，变量 r 的类型应该是浮点型，不能使用公式 v=4/3*PI*r*r*r 计算，可以使用公式 v=4/3.0*PI*r*r*r 计算。

【算法设计】解决过程是典型的顺序结构，问题的解决主要由 3 个步骤组成，先输入有关数值(球半径)，然后计算球的体积，最后输出计算结果。图 3-2 为其程序流程图。

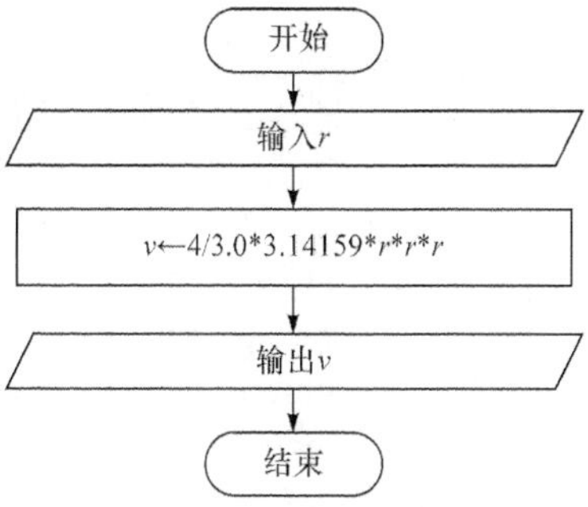

图 3-2　案例 3 程序流程图

【参考程序】

```
#include <stdio.h>
int main()
{
     float r,v;                          //用于保存球半径 r、球体积 v
     printf("Please input r:\n");        //提示输入数据
     scanf("%f",&r);                     //读取球半径数据
     v=4/3.0*3.14159*r*r*r;              //计算球体积
     printf("v=%6.1f\n",v);              //输出计算结果
     return 0;
}
```

【运行结果】

```
Please input r:
1.256↙    (下划线内容为用户输入)
v=8.3
```

4. 设计程序，解决出租车收费问题。已知出租车费用实行分段式价格，收费标准：乘车不超过 2km 收费 5 元(起价费)，多于 2km 不超过 4km 的部分，每公里收费 1.5 元，4km 以上的部分每公里收费 2 元。张某某从住处乘坐出租车去公司，车程是 7km。编程计算车费。

【问题分析】按照车程收费，距离越远，每公里价格越高。设出租车起价费为 base，2km 外 4km 内收费为 fare1，4km 以上收费为 fare2，总费用为 fare，总路程为 distance。由于车程是 7km，所以基本计算公式为：fare=base+(4−2)*fare1+(distance−4)*fare2。根据条件可知，base 等于 5，fare1 等于 1.5，fare2 等于 2，distance 等于 7，计算 fare。

【算法设计】收费的标准分为三大块：起价费(不超过 2km)，2～4km 的费用，4km 以上的费用。问题的解决主要由 3 个步骤组成：输入出租车起价费、2km 外 4km 内收费、4km 以上收费、总路程四个值，计算总费用的值，输出。解决过程是典型的顺序结构。程序流程图如图 3-3 所示。

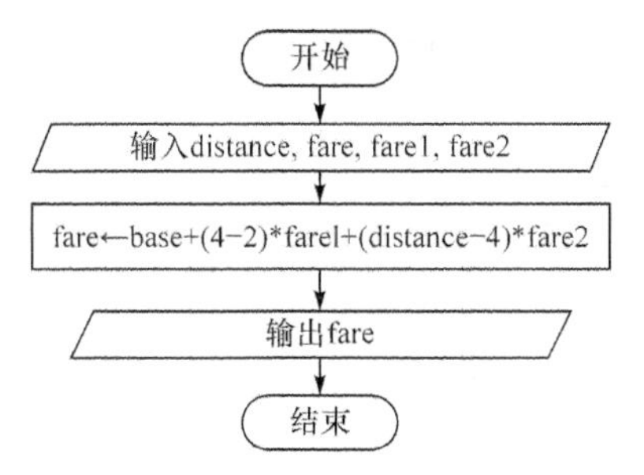

图 3-3　案例 4 程序流程图

【参考程序】

```
#include <stdio.h>
int main()
{
    float distance,fare,fare1,fare2;                    //定义变量
    int base;
    base=5;                                             //根据已知条件，变量赋值
    fare1=1.5;
    fare2=2.0;
    distance=7.0;
    fare=base+(4-2)*fare1+(distance-4)*fare2;  //计算费用
    printf("fare=%f\n", fare);                          //输出计算结果
    return 0;
}
```

各语句组成顺序结构，按照先后次序执行。

【运行结果】

```
fare=14.000000
```

5. 用 getchar 函数读入两个字符给变量 c_1 和 c_2，然后按照要求输出：

(1) 用 putchar 函数输出这两个字符。

(2) 用 printf 输出这两个字符的 ASCII 码。

【问题分析】采用顺序结构设计程序。首先定义两个 char 类型的变量 c_1 和 c_2，用于保存从键盘输入的字符，然后分别调用 putchar 函数和 printf 函数输出有关值。

需要注意的问题是，变量 c_1 和 c_2 也可以是 int 类型。

【算法设计】解决过程是典型的顺序结构，问题的解决主要由两个步骤组成，先输入有关数值(字符)，然后输出计算结果。

【参考程序】

```
#include <stdio.h>
int main()
{
    char c1,c2;
    printf("please input two characters c1,c2:");  //提示从键盘输入两个字符
    c1=getchar();                                        //读取字符
    c2=getchar();
    printf("putchar output:");                          //提示输出字符
    putchar(c1);
    putchar(c2);
    printf("\n");                                        //换行
    printf("ASCII output:");                            //提示输出 ASCII 码
    printf("%d %d\n",c1,c2);
    return 0;
}
```

【运行结果】

```
please input two characters c1,c2:af↙
putchar output:af
ASCII output: 97□102
```

【注意】连续用两个 getchar 函数时，a 和 f 之间没有空格，连续输入。如果分两行输入：

```
a↙
b
```

变量 c_1 的值为字符 2019'a', c_2 的值为字符'a'后面的回车符号。由于两个变量都按照要求输入了字符，所以在输入“a<回车>”之后程序继续执行 getchar 函数后面的语句，“b<回车>”是多余的。

【运行结果】

```
please input two characters c1,c2:a↙
putchar output:a

ASCII output:97□10
```

上述运行结果中第 1 行是输入数据，输入 a 后按回车键，则 c_1 获得字符 a，c_2 获得回车字符，而并未来得及将 b 输入，程序马上输出了 3 行结果(包括一个空行)。

【思考】

(1) c_1 和 c_2 可以定义为字符型和整型，两者皆可。

(2) 可以用 printf 函数输出，在 printf 函数中用%d 格式符，即：

```
printf("%d,%d\n",c1,c2);
```

(3) 字符变量占用 1 字节的内存空间，而整型变量占 2 字节(短整型)或 4 字节(长整型)。因此整型变量在可输出字符的范围内(ASCII 码为 0～127 的字符)时可以与字符数据互相转换，超出此范围则不能转换。

3.3　拓 展 知 识

奥古丝塔 · 爱达 · 金(Augusta Ada King，1815—1852)，19 世纪英国诗人拜伦的女儿，数学家(图 3-4)。她是穿孔机程序创始人，建立了循环和子程序概念。她为计算程序拟定“算法”，写作了第一份“程序设计流程图”，被公认为“第一个给计算机写程序的人”。

1815 年，爱达生于伦敦，因父母婚姻破裂，出生 5 个星期后就一直跟随母亲生活。母亲安妮 · 伊莎贝拉 · 米尔班奇(Anne Isabella Milbanke)是位业余数学爱好者，爱达没有继承父亲诗一般的浪漫热情，却继承了母亲的数学才能。

爱达 19 岁嫁给了威廉 · 洛夫雷斯伯爵，因此，史书也称她为洛夫雷斯伯爵夫人(Lady Lovelace)。1833 年，在老师玛丽 · 萨默维尔(Mary Somerville)的介绍下，爱达认识了早期计算机——分析机的发明人查尔斯 · 巴贝奇，由于巴贝奇晚年因喉疾几乎不能说话，介绍分析机的文

图 3-4　奥古丝塔·爱达·金

字主要由爱达替他完成。爱达的生命是短暂的，她对计算机的预见超前了整整一个世纪，例如，她曾预言计算机未来可以用来排版、编曲或各种更复杂的用途。爱达早逝，年仅 36 岁，与她父亲拜伦相似。根据她的遗愿，她被葬于诺丁汉郡其父亲身边。

爱达设计了巴贝奇分析机上解伯努利方程的一个程序，并证明当时的 19 世纪计算机狂人巴贝奇的分析机可以用于许多问题的求解。她甚至还建立了循环和子程序的概念。由于在程序设计上的开创性工作，爱达被称为世界上第一位程序员。当时的爱达甚至不顾自己已是三个孩子的母亲，坚定地投身于分析机研究，成为巴贝奇的合作伙伴。在 1843 年发表的一篇论文里，爱达认为机器今后有可能被用来创作复杂的音乐、制图和用于科学研究，这在当时确实是十分大胆的预见。以现在的观点看，爱达首先为计算拟定了“算法”，然后写作了一份“程序设计流程图”。这份珍贵的规划，被人们视为“第一件计算机程序”。

据说美国国防部花了 10 年的时间，把所需软件的全部功能混合在一种计算机语言中，希望它能成为军方数千种计算机的标准。1981 年，这种语言被正式命名为 ADA(爱达)语言，以纪念这位“世界上第一位软件工程师”。

本 章 习 题

一、选择题

1. 函数 putchar 可以向终端输出一个(　　)。

A. 实型变量的值　　B. 整型表达式的值

C. 字符串　　D. 字符常量或变量的值

2. 程序段“char *a*=97, *b*=99; printf("%c, %c", *a*, *b*);”的输出结果为(　　)。

A. *a*, *b*　　B. *a*, *c*　　C. 97, 99　　D. 99, 97

3. 有定义语句“int *a*, *b*;”，若要通过语句“scanf("%d, %d", &*a*, &*b*);”使变量 *a* 得到数值 6，*b* 得到数值 5，下面输入形式中错误的是(　　)。

A. 6, 5　　B. 6, □□5　　C. 6□5　　D. 6, <回车>5

4. 程序段“int *x*=65;putchar(*x*);”的输出结果是(　　)。

A. 65　　B. 97　　C. A　　D. a

5. 有以下程序：

```
#include<stdio.h>
int main()
{
    char c1='1',c2='2';
    c1=getchar();c2=getchar();putchar(c1);putchar(c2);
```

```
    return 0;
}
```

当程序运行时输入“a<回车>”后，以下叙述正确的是(　　)。

A. 变量 c_1 被赋予字符 a，c_2 被赋予回车符

B. 程序将等待用户输入第 2 个字符

C. 变量 c_1 被赋予字符 a，c_2 中仍是原有字符 2

D. 变量 c_1 被赋予字符 a，c_2 中将无确定值

6. 已知大写字母 A 的 ASCII 码是 65，小写字母 a 的 ASCII 码是 97。以下不能将变量 *c* 中的大写字母转换为对应小写字母的语句是(　　)。

A. *c*=(*c*–'A')%26+'a'　　B. *c*=('A'+*c*)%26–'a'　　C. *c*=*c*–'A'+'a'　　D. *c*=*c*+32

7. 与语句“getchar(c);”等价的语句是(　　)。

A. scanf("%c", &*c*);　　B. printf("%c",*c*);

C. scanf("%f", &*c*);　　D. printf("%c",&*c*);

8. 有以下程序：

```
#include <stdio.h>
int main()
{
    char c1,c2;
    c1=98;c2=66;
    putchar(c1);putchar(c2);
    return 0;
}
```

上述程序的输出结果是(　　)。

A. 9766　　B. 97，66　　C. Aa　　D. bB

9. 有以下程序：

```
#include <stdio.h>
int main()
{
    putchar(getchar());
    return 0;
}
```

从键盘输入“5<回车>”，则上述程序的输出结果是(　　)。

A. 空　　B. 5　　C. 程序有错　　D. <回车>

10. 有以下程序：

```
#include <stdio.h>
int main()
{   int x,y;
    x=getchar();y=getchar();
```

```
    putchar(y); putchar(x);
    return 0;
}
```

从键盘输入“ab<回车>”，则上述程序的输出结果是(　　)。

A. 9798　　B. 9897　　C. ba　　D. ab

二、问答题

1. 以下程序输出的结果是什么？

```
#include <stdio.h>
int main()
{
    printf("\n*s1=%15s*","China Beijing!");
    printf("\n*s2=%-10s*","China!");
    return 0;
}
```

2. 执行下列程序时输入“1□2□3456789<回车>”，输出结果是什么？

```
#include <stdio.h>
int main()
{
    float s;
    int c,i;
    scanf("%c",&c);
    scanf("%d",&i);
    scanf("%f",&s);
    printf("%c,%d,%f",c,i,s);
    return 0;
}
```

3. 执行下列程序：

```
#include <stdio.h>
int main()
{
    float x;
    double y;
    scanf("%f,%le",&x,&y);
    return 0;
}
```

要使 x=78.98，y=98765×10^{12}，正确的键盘输入方式是什么？

4. 下列程序的运行结果是什么？

```
#include <stdio.h>
```

```
int main()
{
      double d;
      float f;
      long l;
      int i;
      l=f=i=d=80/7;
      printf("%d%ld%f%f",i,l,f,d);
      return 0;
}
```

5. 若有定义“int *x*, *y*; char *a*, *b*, *c*;”，并有以下输入数据：

1□2↙

A□B□C↙

要使 x=1，y=2，a='A'，b='B'，c='C'，正确的输入语句可以是什么？

三、编程题

1. 根据有关公式计算。设圆半径 r =1.5，圆柱高 h =3，求圆周长、圆面积、圆球表面积、圆球体积、圆柱体积。用 scanf 函数输入数据，从键盘读取圆半径和圆柱高的值，输出计算结果(取小数点后 2 位数字)。请编写程序。

2. 设 a=3，b=4，c=5，x=1.2，y=2.4，z= −3.6，u=51274，n=128765，c_1= 'a'，c_2='b'，请写出完整的程序，输出以下结果：

```
a=3□□□b=4□□□c=5
x=1.20000,y=2.400000,z=-3.600000
x+y=□3.60□□y+z=-1.20□□z+x=-2.40
u=51274□□□n=□□□128765
c1= 'a'□or□97(ASCII)
c2= 'b'□or□98(ASCII)
```

第 4 章　选择结构程序设计

【本章内容】

(1) 关系运算符和关系表达式。

(2) 逻辑运算符和逻辑表达式。

(3) if 语句。

(4) 条件运算符和条件表达式。

(5) switch 语句。

【重点难点】

(1) C 语言逻辑值的表示方法。(重点)

(2) 正确使用关系表达式、逻辑表达式解决问题。(重点)

(3) if 语句的格式和使用方法。(重点)

(4) switch、break 语句的格式和使用方法。(难点)

(5) if 语句的嵌套使用。(难点)

4.1　知识点解析

4.1.1　关系运算符和关系表达式

1. 关系运算符

C 语言提供了 6 种关系运算符，它们分别是：>(大于)、>=(大于或等于)、<(小于)、<=(小于或等于)、==(等于)、!=(不等于)。

【注意】

(1) 关系运算符都是双目运算符，自左向右结合。

(2) 由两个字符组成的运算符之间不允许有空格。

(3) 关系运算符中>、>=、<、<=优先级相同，==、!=优先级相同，前四种关系运算符的优先级高于后两种关系运算符，结合方向均为自左向右。

(4) 关系运算符的优先级高于赋值运算符，低于算术运算符。

2. 关系表达式

用关系运算符将运算对象连接起来的式子称为关系表达式。运算对象可以是常量、变量或表达式。若关系表达式中的关系成立，其值为 1(逻辑真)，否则为 0(逻辑假)，该值称为关系表达式的逻辑值。

4.1.2　逻辑运算符和逻辑表达式

1. 逻辑运算符

C 语言提供 3 种逻辑运算符：&&(逻辑与)、||(逻辑或)、!(逻辑非)。

(1) 逻辑运算符的优先级由高到低顺序为：!、&&、||。

(2) “!”运算符的优先级高于算术运算符；“&&”和“||”运算符的优先级低于算术运算符和关系运算符，高于赋值运算符。

(3) “!”是单目运算符，结合方向为自右向左；“&&”和“||”是双目运算符，结合方向为自左向右。

2. 逻辑表达式

使用逻辑运算符将逻辑运算对象连接起来的式子称为逻辑表达式。逻辑运算的对象可以是常量、变量或表达式。逻辑表达式中的运算对象按其逻辑值参与运算，非 0 为“真”，0 为“假”。逻辑表达式的运算结果为“真”(1)或“假”(0)。

【注意】

对于“&&”和“||”逻辑运算符，存在“逻辑短路”现象，即：

(1) *x* && *y*：当 *x* 运算结果为假时，直接求得整个表达式的值为假，不再执行 *y* 运算。

(2) *x* || *y*：当 *x* 运算结果为真时，直接求得整个表达式的值为真，不再执行 *y* 运算。

4.1.3　if 语句

1. 不含 else 子句的 if 语句

语句形式为：

```
if(表达式) 语句
```

执行过程：计算 if 后面圆括号内表达式的逻辑值，如果为真(非 0)，则执行 if 子句；如果为假(0)，则跳过 if 子句，直接执行 if 语句后的下一条语句。

2. 含 else 子句的 if 语句

(1) 单分支 if 语句。

```
if(表达式) 语句 1
else 语句 2
```

执行过程：计算 if 后面圆括号内表达式的逻辑值，如果为真，执行语句 1，否则执行语句 2。执行完后接着执行 if 语句之后的下一条语句。

(2) 多分支 if 语句。

```
if(表达式 1)            语句 1
else if(表达式 2)       语句 2
……
```

```
else if(表达式n)       语句n
else 语句n+1
```

执行过程：计算表达式 1 的逻辑值，如果为真，执行语句 1；否则计算表达式 2 的逻辑值，如果为真，执行语句 2；如此下去，执行到语句 *n*+1 的条件是：表达式 1～表达式 *n* 的逻辑值都为假。

【注意】

(1) if 之后的“表达式”必须用圆括号括起来。

(2) 所有语句应为单条语句，如果有多条语句，则必须用“{}”将这些语句括起来组成复合语句。

3. if 语句的嵌套形式

if 语句的一般形式如下：

```
if(表达式1)
      if(表达式2) 语句1
      else  语句2
else
      if(表达式3) 语句3
      else  语句4
```

执行过程：计算表达式 1 的逻辑值，如果为真，执行第二个 if 语句，即计算表达式 2 的逻辑值，如果为真，执行语句 1，否则执行语句 2；如果表达式 1 的逻辑值为假，执行第三个 if 语句，即计算表达式 3 的逻辑值，如果为真，执行语句 3，否则执行语句 4。

【注意】

嵌套 if 语句中遵循 else 与 if 的“就近配对”原则，即一个 else 应与其前面距离最近且没有与其他 else 配对的 if 配对。通常使用“{}”确定 if 语句嵌套情况，以提高程序可读性。

4.1.4　条件运算符和条件表达式

条件运算符是 C 语言中唯一的三目运算符，其一般形式为：

```
表达式1? 表达式2: 表达式3
```

运算规则：首先求表达式 1 的值，若为真(非 0)，则将表达式 2 的值作为该条件表达式的值；若为假(0)，将表达式 3 的值作为该条件表达式的值。

优先级：条件运算符的优先级仅高于赋值运算符和逗号运算符，结合方向是自右向左。

4.1.5　switch 语句

switch 语句是一种多分支选择语句，语法格式如下：

```
switch(表达式)
{
      case 常量表达式1: 语句序列1; [break;]
```

```
        case 常量表达式 2: 语句序列 2; [break;]
        case 常量表达式 3: 语句序列 3; [break;]
        ……
        case 常量表达式 n: 语句序列 n; [break;]
        [default : 语句序列 n+1;]
}
```

【说明】

(1) switch 后括号内的表达式值必须是整型、字符型或枚举型，而且每个 case 后常量表达式的类型应该与 switch 后表达式的类型一致。

(2) 每一个 case 后的常量表达式的值必须互不相同。

(3) 表达式与 case 分支进行匹配后，执行该 case 分支后面的语句直到 switch 结束或遇到 break 语句。因此，switch 只有和 break 语句联合使用才能起到多分支的作用。

(4) case 后面允许有多条语句，可以不用“{}”括起来。

(5) default 和 case 出现的次序是任意的，default 可以出现在 case 之前。

4.2 案例分析

1. 以下能够正确表示数学表达式 $3<x<6$ 的 C 语言表达式是(　　)。

A. $3<x<6$　　B. 3<*x* and *x*<6　　C. *x*>3 && *x*<6　　D. (*x*>3) & (*x*<6)

答案：C

【解析】此题考查关系运算符和逻辑运算符的正确使用。关系运算自左向右执行，A 选项中无论 *x* 取何值，3<*x* 的值只有两种情况：0 或 1，再与 6 做“<”运算，结果都为真；C 语言中没有 and 运算符，所以 B 选项错误；C 选项正确；D 选项中的“&”是“按位与”运算符，不正确。

2. 已知“int *a*=1, *b*=2, *c*=3;”，则执行语句“*c*=2||(*a*=*b*= =*c*);”后，*a*, *b*, *c* 的值分别是(　　)。

A. 1, 2, 2　　B. 0, 2, 2　　C. 0, 2, 1　　D. 1, 2, 1

答案：D

【解析】该语句由逻辑运算、赋值运算组成，涉及运算符的优先级与“逻辑短路”知识。赋值运算优先级低于逻辑运算，所以先执行 2||(*a*=*b*= =*c*)，再将运算结果赋值给 *c*；由于“2”的逻辑值为真，做或运算(||)时最终结果一定为真(1)，表达式 *a*=*b*= =*c* 不被执行，发生“逻辑短路”现象，因此该语句执行后 *c* 的值为 1，*a*、*b* 的值不变。答案为 D。

3. 下列选项中，只有一个在功能上与其他三个选项不等价，它是(　　)。

A. if(*a*) exp1; else exp 2;　　B. if(!*a*) exp2; else exp1;

C. if(*a*!=0) exp1; else exp2;　　D. if(*a*= =0) exp1; else exp2;

答案：D

【解析】本题考查对 if 语句括号内表达式逻辑值的理解。用代入法分析该题，设 *a* 的值为 0，则四个选项中括号内表达式的逻辑值分别为：假、真、假、真，考虑到 B 选项中的语句顺序与其他三项相反，故其执行结果与 A、C 相同，因此只有 D 选项的功能与其他三项不同。

4. “if(!*k*) *a*=3;”语句中的“!*k*”可以改写成__________，使其功能不变。

答案：$k==0$

【解析】判断“$!k$”的逻辑值。当 $k=0$ 时，$!k$ 为 1；当 $k!=0$ 时，$!k$ 为 0。所以逻辑表达式“$!k$”与关系表达式“$k==0$”的值相同，功能相同。

5. 下面程序的输出结果为________。

```
int main()
{
    int x=0;
    if(x=0)
        printf("0");
    else
        printf("1");
    return 0;
}
```

答案：1

【解析】此题考查赋值运算符“=”和关系运算符“= =”的区别，if 括号内是一个赋值表达式，将 0 赋值给 x，因此其逻辑值为假，执行 else 后的语句，输出 1。编程时需注意不能将关系运算符“= =”误写成赋值运算符“=”。

6. 下面程序的运行结果是________。

```
#include <stdio.h>
int main()
{
    int i=3,j=1,k=2;
    if(i>k)
    {
        if(j>k)
            printf("i and j are greater than k.");
    }
    else
        printf("i is less than or equal to k.");
    printf("end.");
    return 0;
}
```

答案：end.

【解析】此题考查 if 和 else 的配对规则。第 7 行的 if 语句在花括号内，不与花括号外的 else 配对；$i>k$ 值为真，执行到第二个 if 语句，$j>k$ 值为假，printf 语句不执行；程序转至倒数第 3 行，输出“end.”。若删除 if 语句后的花括号，则本题输出“i is less than or equal to k.end.”，请读者自行分析原因。

7. 下面程序的运行结果是________。

```
#include <stdio.h>
int main()
{
    int a=200;
    if(a>200)
        printf("%d",a>200);
    else
        printf("%d",a<=200);
    return 0;
}
```

答案：1

【解析】在参与计算或作为输出项时，关系表达式的值为其逻辑值。此题 $a>200$ 为假，因此执行 else 之后的语句，输出“$a<=200$”的值，即输出 1。

8. 执行下面的程序，其运行结果为＿＿＿＿＿＿。

```
int main()
{
    int a=1,b=1,x=0;
    switch(x)
    {
      case 1: a++;
      default: a++;b++;x++;
      case 2: b++;
    }
    printf("a=%d,b=%d,x=%d.",a,b,x);
    return 0;
}
```

答案：$a=2, b=3, x=1$.

【解析】此题考查 switch 语句表达式与 case，default 的匹配规则，由于 x 的值为 0，没有 case 语句与其匹配，将执行 default 后面的语句，直到 switch 语句结束或遇到 break 语句，本题没有 break 语句，故执行 default 和 case 2 之后的语句。

9. 以下程序输入一个年份，判断该年是否是闰年。请将程序填充完整，使其能正确运行。

```
#include <stdio.h>
int main()
{
    int year;
    printf("请输入年份");
    scanf("%d",____①____);
    if(______②______)
        printf("是");
    else
        printf("否");
```

```
    return 0;
}
```

答案：①&year；②year%4= =0&&year%100!=0 ||year%400==0

【解析】此题考查输入语句和闰年的判断。第一空填写待输入变量 year 的地址，注意不能漏写地址符号&。第二空应该填写判断某年份是否为闰年的逻辑表达式，分析闰年的定义(能被 4 整除并且不能被 100 整除或者能被 400 整除)可得出该表达式为“year%4= =0&&year%100!=0 ||year%400= =0”。

10. 从键盘输入一个字符，判断输入字符的类型，若是数字，则直接输出；若是字母，则输出该字母对应的 ASCII 码值；若是其他符号，则输出“other character!”。以下程序有错误，请修改正确。

```
#include "stdio.h"
int main()
{
    char ch;
    ch=putchar();
    if(ch>='0'&&ch<='9')
        putchar(ch);
    else if(ch>='A'&&ch<='Z'||ch>='a'&&ch<='z')
        printf("%c\n",ch);
    printf("other character!\n");
    return 0;
}
```

答案：“ch=putchar();”修改为“ch=getchar();”

“printf("%c\n",ch);”修改为“printf("%d\n",ch);”

“printf("other character!\n");”前面添加“else”

【解析】putchar 为输出函数，getchar 是输入函数；输出格式为“%c”时，以字符形式输出，与本题以 ASCII 值形式输出要求不符，应为“%d”；最后一个 printf 函数前若不加 else，则无论输入何字符，均会输出“other character!”。

11. 以下程序判断输入的数据是否和 10 相等，该程序有语法和逻辑错误，请修改程序错误，得出正确的运行结果。

```
#include <stdio.h>
int main()
{
    INT a;
    printf("请输入数值");
    scanf("%d", a);
    if(a=10)
        printf("等于10");
    else
        printf("不等于10");
```

```
    return 0;
}
```

答案："INT *a*;" 改为 "int *a*;"

"scanf("%d", *a*);" 改为 "scanf("%d", &*a*);"

"if (*a*=10)" 修改为 "if (*a*= =10)"

【解析】编译程序可发现整型关键词 int 有误，C 语言区分大小写；输入语句中的变量 *a* 之前少了个地址符号；"if(*a*=10)" 编译时无错误，但该式是个赋值表达式，其值永真，应该修改为关系表达式 "*a*= =10"。此题需要特别注意赋值 "=" 与等于 "= =" 的区别。

12. 以下程序输入 "*a*+*b*" 形式的由两个整数和一个算术运算符组成的表达式，根据运算符类型完成相应的运算，并输出结果。若程序有错误，请修改正确。

```
#include "stdio.h"
int main()
{
    double a,b,c;
    char ch;
    scanf("%lf%c%lf",&a,&ch,&b);
    if(b=0||ch=='/')
        printf("div 0,error!\n");
    else
    {
        switch(ch);
        {
            case '+': c=a+b;break;
            case '-': c=a-b;break;
            case '*': c=a*b;break;
            case '/': c=a/b;break;
        }
        printf("%lf%c%lf=%lf\n",a,ch,b,c);
    }
   return 0;
}
```

答案："if(*b*=0 || ch= ='/')" 修改为 "if(*b*= =0 && ch= ='/')"

去掉 switch(ch)后面的分号

【解析】注意赋值运算 "=" 和关系运算 "= =" 的区别。switch 括号后面不能有分号。

13. 某客运线路收费标准如下：如果购买票数少于 5 张，每张 30 元，否则每张 25 元。编写程序，依据买票的张数，计算购买人所需支付的车票费用。

【问题分析】由题意可知，根据购买票数的不同，每张票的单价有所区别。5 张票是其分界线，可用选择结构解决该问题，如果票数小于 5，费用=票数*30，否则费用=票数*25。

【算法设计】程序流程图如图 4-1 所示。

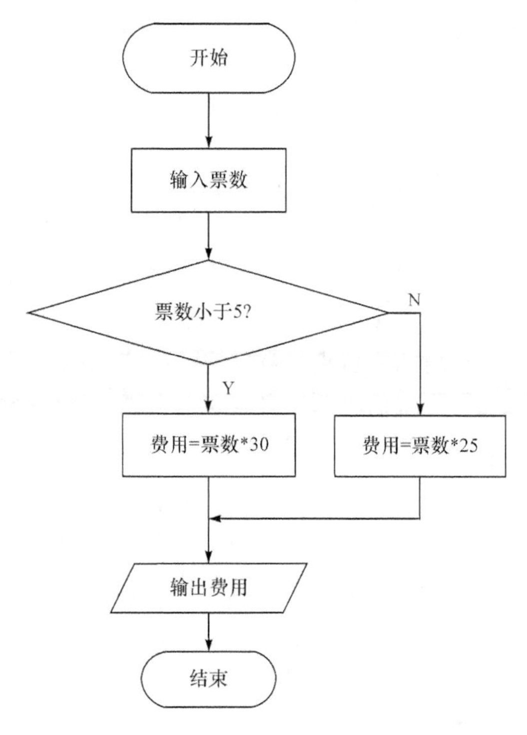

图 4-1　案例 13 程序流程图

【参考程序】

```
#include <stdio.h>
int main()
{
     int ticketsNum,cost;
     printf("Please input the ticketsNum:");
     scanf("%d",&ticketsNum);
     if(ticketsNum<5)
           cost=ticketsNum*30;
     else
           cost=ticketsNum*25;
     printf("cost=%d\n",cost);
     return 0;
}
```

【运行结果】以下是此程序的三次运行结果。

```
Please input the ticketsNum:4
cost=120
Please input the ticketsNum:5
cost=125
Please input the ticketsNum:8
cost=200
```

14. 编程实现读入 3 个点的坐标(整数)，确定它们是否在同一条直线上，若是，输出 Yes，否则输出 No。

【问题分析】设三点的坐标分别为 $A(x_1, y_1)$，$B(x_2, y_2)$，$C(x_3, y_3)$。若直线 AB 和 BC 的斜率相等，认为 A，B，C 三点在同一条直线上，即$(y_2-y_1)/(x_2-x_1)=(y_3-y_2)/(x_3-x_2)$。考虑到水平直线即上式分母为 0 的情况，应将该公式修改为$(y_2-y_1)(x_3-x_2)=(y_3-y_2)(x_2-x_1)$。将该式作为 if 语句的条件，即可判断三点是否共线。

【算法设计】程序流程图如图 4-2 所示。

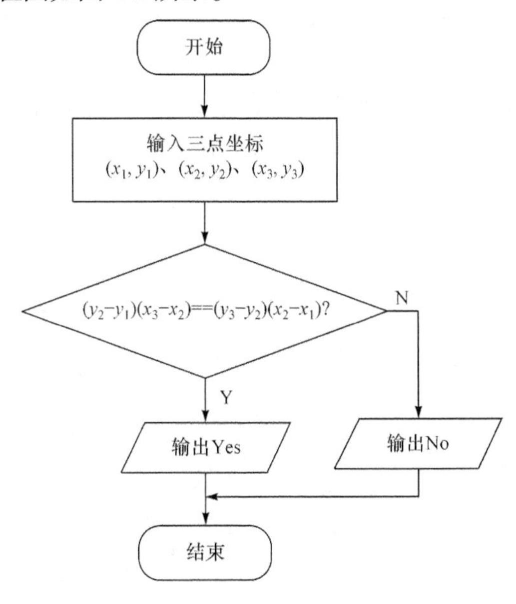

图 4-2　案例 14 程序流程图

【参考程序】

```
#include <stdio.h>
int main()
{
    int x1,y1,x2,y2,x3,y3;
    printf("Please input the coordinates of the three points:\n");
    scanf("%d%d%d%d%d%d",&x1,&y1,&x2,&y2,&x3,&y3);
    if((y2-y1)*(x3-x2)==(y3-y2)*(x2-x1))
        printf("Yes");
    else
        printf("No");
    return 0;
}
```

【运行结果】以下是此程序的两次运行结果。

```
Please input the coordinates of the three points:
1 1
2 2
```

```
3 3
Yes
Please input the coordinates of the three points:
1 2
2 3
3 5
No
```

15. 通过键盘输入月份，输出对应的季度。要求使用switch语句编写程序。

【问题分析】月份与季度是三对一的关系，即三个月份对应一个季度。可以通过switch语句解决该问题，switch表达式为输入的月份month，case表达式为季度，case语句后面需要加上break语句。可以通过对月份求余操作简化case语句，根据month%3的值判断季度。

【算法设计】程序流程图如图4-3所示。

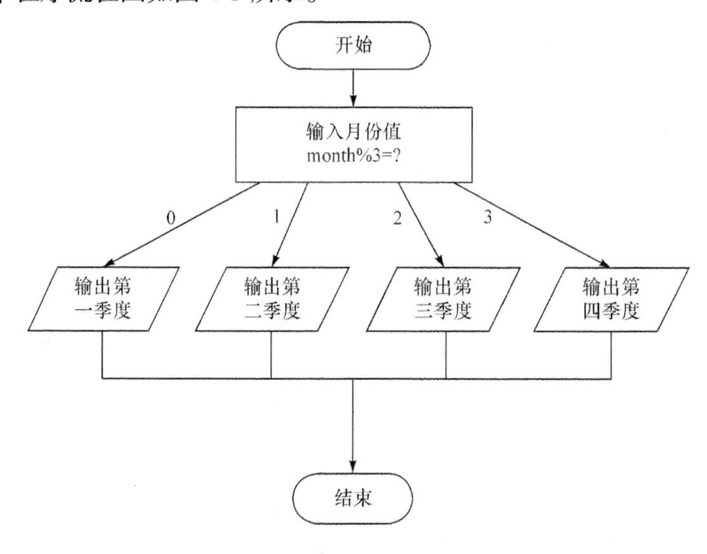

图4-3　案例15程序流程图

【参考程序】

```
#include <stdio.h>
int main()
{
    int month;
    printf("请输入一个月份: \n");
    scanf("%d",&month);
    switch(month%3)
    {
        case 0:printf("第一季度\n");break;
        case 1:printf("第二季度\n");break;
        case 2:printf("第三季度\n");break;
        case 3:printf("第四季度\n");break;
    }
```

```
    return 0;
}
```

【运行结果】以下是此程序的两次运行结果。

```
请输入一个月份:
1
第一季度
请输入一个月份:
8
第三季度
```

16. “水仙花数”是指一个 3 位数，其各位数字的立方和等于该数本身(例如，$153=1^3+5^3+3^3$)。编程实现输入一个 3 位数的整数，判断该数是否是“水仙花数”，是则输出 Yes，否则输出 No。

【问题分析】此题涉及两部分知识：①如何对一个整数进行拆分，即如何将一个 3 位数的每位的数值单独拆分出，解决这类问题主要通过对整数进行整除(/)和求余(%)两种运算来完成。在本例中，可以通过对该3 位数的整数进行求 10 的余运算得到其个位上的数值，将该整数被 100 整除得到百位上的数值，对其先进行求 100 的余再对运算的结果整除 10(或整除 10 再对运算结果求 10 的余运算)得到十位数。②将各位上的数进行立方求和并与该数进行比较，如果相等则是“水仙花数”，否则不是。本例中，通过 scanf()函数输入一个 3 位数的整数并赋值给 num 变量，并用 a，b，c 分别表示 num 的个位数、十位数和百位数，最后通过比较运算符判断 a，b，c 的立方和是否和 num 相等来判断输入的 3 位数整数是否是“水仙花数”。

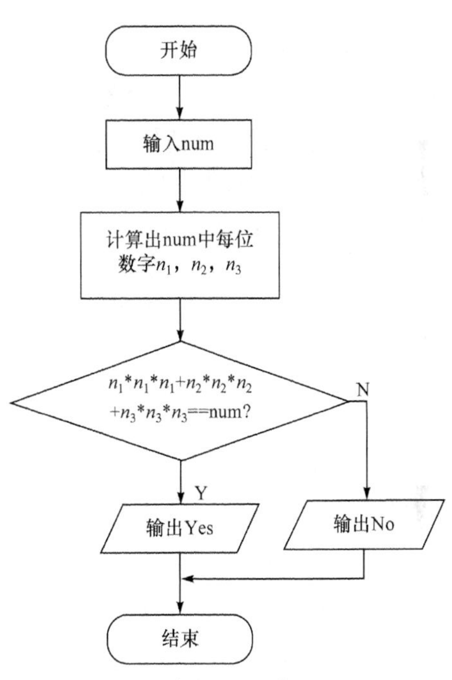

图 4-4　案例 16 程序流程图

【算法设计】程序流程图如图 4-4 所示。

【参考程序】

```
#include <stdio.h>
int main()
{
    int num,n1,n2,n3;
    printf("请输入一个 3 位数的整数: ");
    scanf("%d",&num); /*输入一个 3 位数的整数*/
    n1=num%10;         /*求个位数*/
    n2=num%100/10;     /*求十位数*/
    n3=num/100;        /*求百位数*/
    if(n1*n1*n1+n2*n2*n2+n3*n3*n3==num) /*判断是否相等*/
        printf("Yes\n");
```

```
    else printf("No\n");
    return 0;
}
```

【运行结果】以下是此程序的两次运行结果。

```
请输入一个 3 位数的整数：153
Yes
请输入一个 3 位数的整数：531
No
```

4.3 拓 展 知 识

对于“&&”和“||”逻辑运算符，其构成的表达式可能存在“短路”现象。对于“&&”运算符，只有当其左右操作数都为真时，整个表达式为真，只要有一边为假，整个表达式为假，因此当“&&”运算符左操作数为假时，则整个逻辑表达式的值一定为假，不用再判断右操作数的结果。同理，对于“||”运算符，只有当其左右操作数都为假时，整个表达式才为假，只要有一边为真，整个表达式为真，因此当“||”运算符左操作数为真时，则整个逻辑表达式的值一定为真，不用再判断右操作数的结果。

(1) x && y：当运算对象 x 为假时，可直接求得整个表达式的值为假，不再运算判断 y 的值。

(2) x || y：当运算对象 x 为真时，可直接求得整个表达式的值为真，不再运算判断 y 的值。

本 章 习 题

一、选择题

1. 下列运算符中，优先级最低的是(　　)。

A. =　　B. ==　　C. ||　　D. +

2. 已知“int x=3, y=2, z;”，则执行表达式“z=x>y”后，变量 z 的值为(　　)。

A. 0　　B. 1　　C. 2　　D. 3

3. 以下表达式为真时，可以判断 x 为偶数的是(　　)。

A. x%2==0　　B. x%2　　C. !x%2　　D. x%2==1

4. 判断字符型变量 ch 是否为大写字母的表达式，正确的是(　　)。

A. 'A'<=ch<='Z'　　B. ('A'<=ch) AND (ch<='Z')

C. ('A'<=ch) && (ch<='Z')　　D. ('A'<=ch) & (ch<='Z')

5. 假设 x 的值为 0，下列哪个表达式的逻辑值与其他三个选项不同(　　)。

A. x=1　　B. x>0 || x<0　　C. x!=0　　D. x

6. 执行下面的程序段后，max 的值是(　　)。

```
int a=6,b=5,c=4,max=0;
if(a>b>c)
```

```
    max=a;
else
    max=c;
```

A. 0　　B. 4　　C. 5　　D. 6

7. 表达式“x||0”等价于(　　)。

A. $x==1$　　B. $x==0$　　C. $x!=1$　　D. $x!=0$

8. 执行表达式“y=3>7?!7: 8+4&&7+6;”后，y 的值为(　　)。

A. 15　　B. 6　　C. 1　　D. 0

9. 下面程序的输出结果是(　　)。

```
#include <stdio.h>
int main()
{
    int k=0,a=1,b=2;
    k=(a>b)?a:b;
    printf("%d",k);
    return 0;
}
```

A. 0　　B. 1　　C. 2　　D. 3

10. 下面的程序若希望输出“Cend.”，执行程序时可从键盘上输入(　　)。

```
#include <stdio.h>
int main()
{
    int a,b;
    scanf("%d%d",&a,&b);
    if(a>b)
        if(a>0) printf("A");
        else if(b>0) printf("B");
        else printf("C");
    printf("end.");
    return 0;
}
```

A. −2 −3　　B. 3 2　　C. 3 −2　　D. 2 3

11. 执行下面的语句段后，x, y, z 的值分别是(　　)。

```
int x=4,y=5,z=6;
if(x<y) z=x;
else x=y; y=z;
```

A. $x=4, y=5, z=6$　　B. $x=4, y=5, z=4$

C. $x=5, y=5, z=4$　　D. $x=4, y=4, z=4$

12. 执行以下程序后，输出的结果是(　　)。

```
#include <stdio.h>
int main()
{
     int a=10;
     if(a>10)
           printf("%d\n", a>10);
     else
           printf("%d\n", a<=10);
     return 0;
}
```

A. 0　　B. 1　　C. 10　　D. 编译有错

13. 执行以下程序后，输出的结果是(　　)。

```
#include <stdio.h>
int main()
{
     int x=1,y=2,z=3;
     if(x--)y++,z++;
     else y--,z--;
     printf("%d,%d,%d",x,y,z);
     return 0;
}
```

A. 0, 3, 3　　B. 0, 3, 4　　C. 1, 3, 3　　D. 1, 3, 4

14. 执行以下程序后，输出的结果是(　　)。

```
#include <stdio.h>
int main()
{
      int a=5,b=4,c=6;
      printf("%d\n",a>b ?(a>c ? a:c) : (b));
      return 0;
}
```

A. 4　　B. 5　　C. 6　　D. 1

15. 执行以下程序后，输出的结果是(　　)。

```
#include <stdio.h>
int main()
{
      int a=1,s=0;
      switch(a)
      {
```

```
        case 1: s+=1;
        case 2: s+=2;
        default:s+=3;
    }
    printf("%d\n",s);
    return 0;
}
```

A. 1　　B. 3　　C. 6　　D. 7

16. 执行以下程序后，输出的结果是(　　)。

```
#include <stdio.h>
int main()
{
    int n=3;
    switch(n)
    {
      case 1: n++;
      case 2: n++;
      case 3: n++;
      case 4: n++; break;
      default: n++;
    }
    printf("%d\n",n);
    return 0;
}
```

A. 3　　B. 4　　C. 5　　D. 6

17. 下面的程序段所表示的数学函数关系是(　　)。

```
y=0;
if(x!=0) y=-1;
if(x>0) y=1;
```

A. $y=\begin{cases}-1, x<0\\0, x=0\\1, x>0\end{cases}$　　B. $y=\begin{cases}1, x<0\\0, x=0\\-1, x>0\end{cases}$

C. $y=\begin{cases}0, x<0\\-1, x=0\\1, x>0\end{cases}$　　D. $y=\begin{cases}0, x<0\\-1, x=0\\1, x>0\end{cases}$

二、填空题

1. 正确表示数学表达式$|x|>5$的 C 语言表达式为______________________。

2. 设 a，b，c 表示三条线段的长度，能正确判断该三条线段能否构成一个三角形的 C 语言表达式为______________________。

3. 设x=0, y=1, z=2，则表达式“x&&y&&z−1”的值为____①____，“!x&&(y=5)”的值为____②____，“x||(z==2)”的值为____③____。

4. 以下程序输出的结果是__________。

```
#include <stdio.h>
int main()
{
      int a=5,b=4,c=3,d;
      d=(a>b>c);
      printf("%d\n",d);
      return 0;
}
```

5. 以下程序的运行结果是__________。

```
#include <stdio.h>
int main()
{
      int x=-10,y=0;
      if(x>=0)
            if(x==0) y=1;
      else y=-1;
      printf("%d",y);
      return 0;
}
```

6. 若从键盘输入2 3，则以下程序的运行结果是__________。

```
#include <stdio.h>
int main()
{
      int a,b,s;
      scanf("%d%d",&a,&b);
      s=a;
      if(a<b) s=b;
      s*=s;
      printf("%d\n",s);
      return 0;
}
```

7. 以下程序的运行结果是__________。

```
int main()
{
      int a=1,b=-2,c=0;
      if((a=b)<0)
```

```
        c=a+b;
    printf("%d\n",c);
    return 0;
}
```

8. 与以下程序段功能相同的条件表达式是__________。

```
if(a>b) max=a;
else max=b;
```

9. 以下程序的运行结果是__________。

```
#include <stdio.h>
int main()
{
    int a=1,b=2,c=3;
    switch(a)
    {
        case 1: switch(b)
                {
                    case 1: printf("1"); break;
                    case 2: printf("2"); break;
                }
        case 0: switch(c)
                {
                    case 3: printf("3");
                    case 4: printf("4"); break;
                    default: printf("5");
                }
                  break;
        default: printf("6");
    }
    return 0;
}
```

10. 以下程序的功能是：输入 x 值，根据下面的函数计算 y 的值。请将程序填写完整。

$$y=\begin{cases}x-1, & x<0\\ x, & x=0\\ x+1, & x>0\end{cases}$$

```
#include <stdio.h>
int main()
{
    int x, y;
    scanf("%d",&x);
    ____①____;
```

```
    if(____②____)
    y=x-1;
    else if(____③____)
    y=x+1;
    printf("y=%d\n",y);
    return 0;
}
```

11. 以下程序的功能是：输入年份和月份，输出该月的天数。请将程序填写完整。

```
#include <stdio.h>
int main()
{
     int year,month,leap,day;
     printf("Please input the year and the month:");
     scanf("%d%d",&year,&month);
     if(year%4==0&&year%100!=0||year%400==0)
          leap=1;
     else leap=0;
     if(month>12||month<1)
          printf("wrong month!");
     else
     {
          switch(month)
          {
               case 2:day=____①____;break;
               case 4:case 6:case 9:case 11:____②____;break;
               default:day=31;
          }
          printf("the days in %d month of %d year is: %d\n",____③____);
     }
     return 0;
}
```

三、程序改错题

1. 以下程序的功能为：输入一个整数，输出它的绝对值。程序有错误，请将其修改正确。

```
#include "stdio.h"
int main()
{
     int a,b;
     scanf("%d",a);
     if(a>0)
          b=a;
     if(a<0)
          b=-a;
```

```
    printf("|%d|=%d\n",a,b);
    return 0;
}
```

2. 以下程序的功能为:判断一个整数是否为 3 或 5 的倍数,是输出“YES”,否输出“NO”。程序有错误，请将其修改正确。

```
#include "stdio.h"
int main()
{
    int n;
    scanf("%d",&n);
    if(n/3==0&&n/5==0)
        printf("YES");
    else
        printf("NO");
    return 0;
}
```

3. 以下程序的功能为：根据百分制分数输出相应的等级，85 分以上为“优秀”，60～84 分为“合格”，60 分以下为“不合格”，程序有错误，请将其修改正确。

```
#include <stdio.h>
int main()
{
    int score;
    scanf("%d",&score);
    if(score>=85)
         printf("优秀");
    else printf("合格");
    else printf("不合格");
    return 0;
}
```

4. 以下程序的功能为：对 a，b 两个整数按升序排序，程序有错误，请将其修改正确。

```
#include <stdio.h>
int main()
{
    int a,b,t;
    scanf("%d%d",a,b);
    if(a>b)
    {t=a;a=b;b=a;}
    printf("%d %d\n",a,b);
    return 0;
}
```

5. 某商场打折促销，购商品赠送代金券，规则如下：
购买不足 100 元商品，不赠送代金券；
购买满 100 元商品，赠送 20 元代金券；
购买满 200 元商品，赠送 50 元代金券；
购买满 500 元商品，赠送 150 元代金券；
购买超过 2000 元商品，赠送总金额 40%的代金券(精确到 10 元，余额舍去)。
以下程序根据购买商品的总额计算出应得的代金券金额。请找出程序中的错误并改正。

```
#include <stdio.h>
int main()
{
     int cost;
     double coupon=0;
     scanf("%d",&cost);
     if(cost<100)
          coupon=0;
     else if(cost<200)
          coupon=20;
     else if(cost<500)
          coupon=50;
     else if(cost<2000)
          coupon=cost/500*150;
     else
     {
          coupon=coupon*0.4;
          coupon=(int)coupon%10*10;
     }
     printf("coupon=%.lf\n",coupon);
     return 0;
}
```

四、编程题

1. 输入 3 个整数，输出其中最大的数值。

2. 三角形判断，输入 3 个整数作为三角形 3 条边的边长值，判断这 3 条边能否构成三角形，如果能构成三角形，再判断是等边三角形、等腰三角形，还是一般三角形，输出其相应的结果(“不能构成三角形”“一般三角形”“等腰三角形”“等边三角形”)

注：等腰三角形不包括三条边都相等的特例。

3. 通过键盘输入月份，输出对应的季度。要求用 switch 语句编写程序。

第 5 章　循环结构程序设计

【本章内容】

(1) 三种循环语句的语法结构及使用方法。

(2) 三种循环语句之间的联系和区别。

(3) 利用循环结构解决实际编程问题。

(4) break 和 continue 语句对循环结构的控制作用。

【重点难点】

(1) 三种循环语句 while，do-while 和 for 的语法结构。(重点)

(2) break 和 continue 语句对循环结构的控制作用。(重点)

(3) 三种循环语句的区别。(难点)

(4) 循环嵌套的熟练运用。(难点)

(5) 死循环原因的分析。(难点)

5.1　知识点解析

5.1.1　循环结构的要点

1. 循环入口的控制

对于循环结构程序设计，初始条件的设定是非常重要的，一定要保证循环入口(即第一次循环)的正确性。

2. 循环出口的控制

分析循环终止时，相关各个变量的值应该是什么，分析变量值的变化时，需要重点考虑变量的临界值。

3. 循环的正确性保证

首先保证循环的入口和出口均正确，其次保证循环变量在循环执行过程中的变化是正确的。

5.1.2　while，do-while 和 for 循环语句

三种语句都可以实现循环结构程序设计，一般情况下它们可以相互替代。

1. while，do-while 和 for 语句中循环控制表达式的呈现方式

循环控制表达式的呈现方式有两种：显式、隐式。

(1) 显式的循环控制条件表达式。

该表达式位于 while，do-while 和 for 后的圆括号内，可以以任意表达式的形式呈现，在处理时必须将该表达式的值视为逻辑值(真、假)，其初始值一般为真，否则循环将一次都不执行(do-while 语句除外)。在循环体内(for 循环也可以在表达式 3)要有使该表达式的逻辑值由真向假变化的语句，以保证循环能在有限步骤内结束，否则可能导致死循环。

(2) 隐式的循环控制条件表达式。

此时在表达式 while，do-while 和 for 后的小括号内没有控制条件表达式或表达式值为永真。此时默认循环控制条件为真，要在循环体内使用条件语句对循环加以控制，使用 break 语句终止循环，以保证循环能在有限步骤内结束。

建议尽量使用显式的循环控制条件编写程序。

2. 三种循环语句循环变量的初始化

while 和 do-while 语句的循环变量(或条件)初始化操作在 while 和 do-while 语句之前完成，for 语句可以在 for 语句之前，也可以在表达式 1 中完成。在编写双重循环时，需要注意有些变量的初始化需要在第一层和第二层循环之间进行。

3. while 和 do-while 语句的区别

while 语句是先判断后执行，如果循环控制条件一开始就不成立，则循环体一次也不执行；do-while 语句是先执行后判断，即使循环控制条件一次也不成立，其循环体也至少执行一次。

4. for 语句后的三个表达式的取舍

for 语句后的三个表达式都可以根据需要进行取舍，即 for 后可以有一个、两个或三个表达式，甚至三个表达式全部省略，但三个表达式之间的分号(;)要全部保留，不能省略。省略的表达式要在相应的位置写出，例如，表达式 1 可以在 for 语句之前给定；表达式 2 省略时要在循环体内用条件语句对循环加以控制，以保证循环的正常结束；表达式 3 省略时要将其写在循环体的最后一句，此时 for 循环与 while 循环类似。

为方便阅读，一般 for 语句的三个表达式都写完全。

5.1.3 break 与 continue 的区别

1. 在循环语句中使用 break 和 continue

在循环语句中使用 break 是使内层(本层)循环立即停止，执行循环体外的下一次循环。而 continue 是使本次循环停止执行，循环体内 continue 之后的语句将不执行，执行本层循环的下一次循环，若是 for 语句，则跳转至表达式 3 处。

2. break 和 continue 语句的使用场合

break 语句可以用在 switch 语句和循环语句中，而 continue 语句则只能在循环语句中使用。

5.2 案 例 分 析

1. 执行下面的程序段后，变量 *i* 的值是(　　)。

```
for(i=1;i<10;i=i+3) i++;
```

A. 10　　B. 11　　C. 12　　D. 13

答案：D

【解析】此题考查循环语句执行结束时循环变量值的正确判断，需充分理解 for 语句的执行过程。本题中，循环变量 i 的值在表达式 3 和循环语句中均发生了改变。循环体共执行 3 次，i 初始值为 1，第 1 次执行后 i 值为 5，第 2 次执行后 i 值为 9，第 3 次执行后 i 值为 13。

2. 下面的程序段执行后 t 的值是(　　)。

```
int t=0;
while(t==1)
{t=t+1;}
```

A. 0　　B. 1　　C. 2　　D. 死循环

答案：A

【解析】此题考查对 while 语句循环条件的正确判断。t 初值为 0，t ==1 是一个关系表达式，其逻辑值为假，因此该 while 循环体不执行，t 的值仍然是 0。注意，如果将循环条件改为 t=1，这是个赋值表达式，将 1 赋值给 t，表达式的值永远为 1，即永真，导致死循环。

3. 下面程序的运行结果是(　　)。

```
#include <stdio.h>
int main()
{
     int x,i;
     for(i=1;i<=100;i++)
     {
          x=i;
          if(++x%2==0)
               if(++x%3==0)
                    if(++x%5==0)
                         printf("%d ",x);
     }
     return 0;
}
```

A. 28 70　　B. 10 40 70 100　　C. 30 60 90　　D. 11 41 71 101

答案：B

【解析】此题从输出结果语句逆推容易选出答案。根据最后一条 if 语句可知，输出的 x 值肯定是 5 的倍数，排除 A、D 选项；根据第二条 if 语句可知，输出的 x 值减 1 是 3 的倍数，C 选项排除，因此答案是 B。进一步验证也可知 B 选项正确。

4. 已知 i,j 均为 int 类型的变量，执行下面的程序段后，输出“OK”的个数是__________。

```
for(i=5;i>0;i--)
  for(j=0;j<4;j++)
```

```
    printf("OK");
```

答案：20

【解析】此题考查对二重循环执行流程的理解。从程序代码易分析出：第一层循环执行 5 次；每执行 1 次第一层循环，第二层循环执行 4 次。故输出语句“printf("OK");”的执行次数为 5×4=20。

5. 下面程序的运行结果是__________。

```
#include <stdio.h>
int main()
{
    int i;
    for(i=10;i>0;i--)
        if(i%3==0)
            printf("%d",--i);
    printf("%d\n",i);
    return 0;
}
```

答案：8520

【解析】此题考查对 for 循环语句的循环条件判断、循环控制变量的改变、循环结束后变量值的分析。当 *i* 的值为 9 时，if 语句条件成立，输出--*i*，自减符号在变量前面，*i* 先减 1 再输出，因此输出 8，再执行 for 语句中的 *i*--，进行下一轮循环。最终 *i* 等于 0 时循环终止。

6. 下面程序的功能是__________，变量 count 的作用是__________。

```
#include <stdio.h>
int main()
{
    int i,count=0;
    for(i=1;i<=100;i++)
    {
        if(i%3==0)
        {
            printf("%4d",i);
            count++;
            if(count%5==0)
                printf("\n");
        }
    }
    printf("\n");
    return 0;
}
```

答案：输出 1～100 能够被 3 整除的数　记录满足条件的数字个数

【解析】此题考查程序分析能力。程序的功能是输出 1～100 能够被 3 整除的数，每个数字占 4 个字符宽度(%4d)；count 记录满足条件的数字个数，并与 if 语句配合，使每行输出 5 个数字。

7. 下面的程序是求 1～100 的整数中奇数之和。请找出程序错误并将其修改正确。

```
#include <stdio.h>
int main()
{
     int i,sum;
     for(i=1;i<100;i+=1)
          sum=sum+i;
     printf("sum=%d",sum);
     return 0;
}
```

答案："sum;" 修改为 "sum=0;"

　　"*i*+=1" 修改为 "*i*+=2" (或者将 *i*=1 修改为 *i*=2)

【解析】此题考查求和变量的初始化及循环变量在每次循环过程中值的改变。根据题意，要求求出 1～100 的奇数之和，必须注意循环变量 *i* 的初值与其增量，保证在每次循环过程中累加到变量 sum 中的 *i* 值为奇数。

8. 下面的程序统计输入的一串字符中，出现 "is" (字符 i 和字符 s 连续输入)的次数，以字符 "#" 结束输入。请找出程序错误并将其修改正确。

```
#include <stdio.h>
int main()
{
     char ch1,ch2;
     int cnt;
     ch1=getchar();
     while(ch1!=#)
     {
          ch2=getchar();
          if(ch2==#)
               break;
          else
               if(ch1=='i'&&ch2=='s')
                    cnt++;
          ch2=ch1;
     }
     printf("%d",cnt);
     return 0;
}
```

答案："int cnt;" "修改为" "int cnt=0;"

　　"ch1!=# " 修改为 "ch1!='#'"

　　"ch2==# " 修改为 "ch2=='#'"

"ch2=ch1;"修改为"ch1=ch2;"

【解析】计数变量 cnt 未初始化；字符常量在程序中需要使用单引号引起来；ch1 和 ch2 分别表示上一次输入的字符和当前输入的字符，在读取新的字符之前需要将 ch2 的值赋值给 ch1，以便 ch2 接收下一次读取的字符。

9. 当把四位整数 1089 的数字颠倒时，它会增倍(9801=9×1089)。下面的程序是求所有具有这种性质的四位数(不包括对称数)。请找出程序的错误并将其修改正确。

```
#include <stdio.h>
int main()
{
    int n,n1,n2,n3,n4,m;
    for(n=1000;n<=9999;n++)
    {
        n1=n%10;
        n2=n/100%10;
        n3=n%100/10;
        n4=n/1000;
        m=n1*1000+n2*100+n3*10+n4;
        if(m!=n&&m/n==0)
            printf("%d\n",n);
    }
    return 0;
}
```

答案："n_2=n/100%10;"修改为"n_2=n%100/10;"

"n_3=n%100/10;"修改为"n_3=n/100%10;"

"m/n==0"修改为"m%n==0"

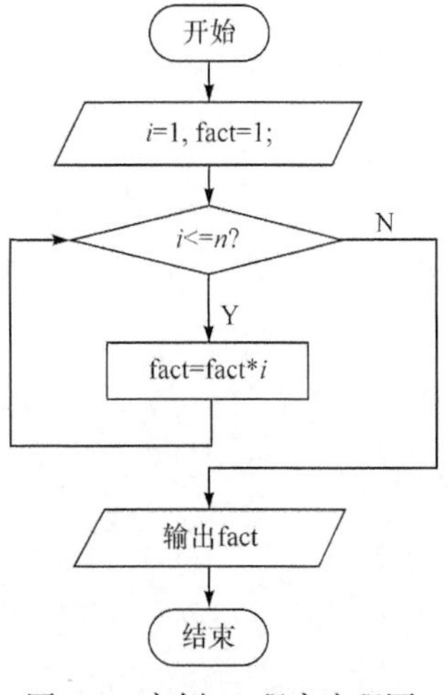

图 5-1　案例 10 程序流程图

【解析】本题考查对整数的分解操作，即获取一个整数每位上的数字，并对其进行重新组合。通过整除(/)和求余(%)两种运算可以获得整数每位上的数字，程序中变量 n_1、n_2、n_3、n_4 的作用是获取整数个位、十位、百位、千位上的数字。分析可知，n_2 和 n_3 获取数字有误，互相颠倒了。m 是原数字颠倒后重新组合而成的数字。判断 m 是否为 n 的倍数应该用 m%n==0，本题中 if 条件有误。

10. 编写程序计算整数 n 的阶乘，n 值由键盘输入。

【问题分析】根据阶乘的定义，$n!=1*2*3*\cdots*n$，若将其中的乘号改为加号，即求累加和问题，因此本题可以参考累加和($1+2+\cdots+n$)问题的解决方法。

【算法设计】类似累加和问题的流程图，求阶乘的流程图如图 5-1 所示。

【参考程序】

```
#include <stdio.h>
```

```
#include <math.h>
int main()
{
    int i,n,fact;
    printf("please input n:");
    scanf("%d",&n);
    fact=1;
    for(i=1;i<=n;i++)
        fact=fact*i;
    printf("%d!=%d\n",n,fact);
    return 0;
}
```

【运行结果】

```
please input n:5
5!=120
```

11. 有三个投资理财项目：预期年化收益率均为 5%，但 A 项目按年计息，B 项目按月计算复利，C 项目按日计算复利。假设本金为 1 万元，请编写程序计算一年后这三个项目的预期收益情况，并输出结果。

【问题分析】复利所得收益的计算公式为：principal*(1+rate)^n，其中 principal 为本金，n 为计息期的个数，rate 为一个计息期内的利率。由题意知，A 项目中 n=1，rate=5%；B 项目中 n=12，rate=5%/12；C 项目中 n=364，rate=5%/365。因此，问题转化为已知 n 和 rate 的值，求(1+rate)^n，这是个简单的求累计积问题，可用单重循环解决。

【算法设计】A 项目预期收益可通过一次运算获得。B、C 项目可用单重循环计算获得，B 项目预期收益程序流程图如图 5-2 所示，C 项目与其类似。

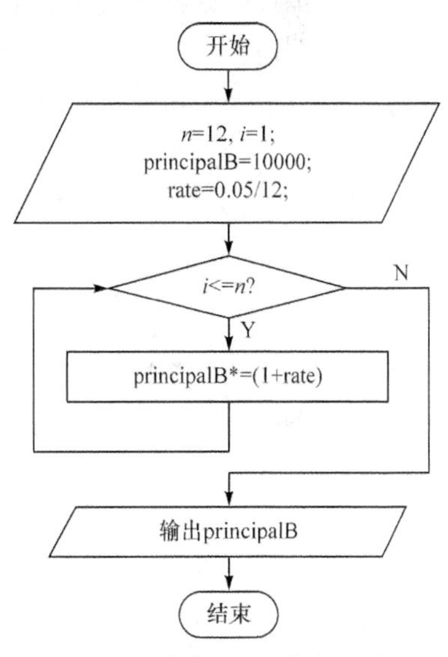

图 5-2　案例 11 程序流程图

【参考程序】

```
#include <stdio.h>
int main()
{
    int i,n;
     double rate,rateA,rateB=1,rateC=1,principal,principalA,principalB,
     principalC;
    principal=10000;
    rate=0.05;
    rateA=1+rate;
    n=12;
    for(i=1;i<=n;i++)    rateB*=(1+rate/n);
```

```
    n=365;
    for(i=1;i<=n;i++)
        rateC*=(1+rate/n);
    principalA=rateA*principal;
    principalB=rateB*principal;
    principalC=rateC*principal;
    printf("A: %.2lf\nB: %.2lf\nC: %.2lf\n",principalA,principalB,principalC);
   return 0;
}
```

【运行结果】

```
A: 10500.00
B: 10511.62
C: 10512.67
```

12. 现代数学语言将哥德巴赫猜想陈述为：任意一个大于 2 的偶数，都可表示成两个素数之和。试编程验证某个大于 2 的偶数都能够分解为两个素数之和。

【问题分析】令 n 为从键盘输入的某个正整数，将问题具体化：求两个正整数 a，$b(a<=b)$，满足条件 a 和 b 都是素数且 $a+b=n$，为简化运算，可令 $b=n-a$。因此问题演变成针对某个 n，求满足条件的 a，$a\in[2,n/2]$。

【算法设计】程序流程图如图 5-3 所示。

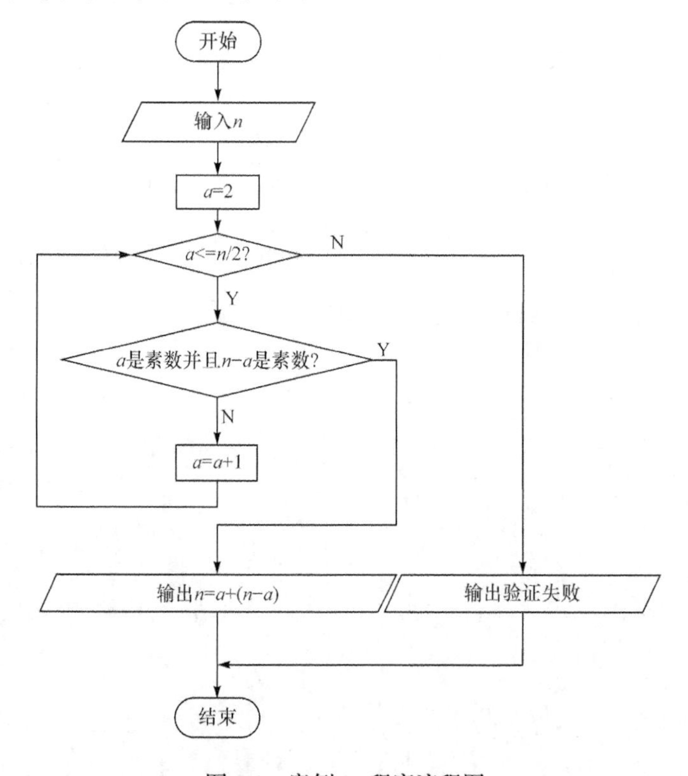

图 5-3　案例 12 程序流程图

【参考程序】

```
#include <stdio.h>
#include <math.h>
int main()
{
     int i,j,n,a,flag1,flag2;
     scanf("%d",&n);
     for(a=2;a<=n/2;a++)
     {
          flag1=1;
          flag2=1;
          for(i=2;i<=sqrt(a);i++)
          {
                if(a%i==0)
          {
                flag1=0;
                break;
          }
     }
     if(flag1==1)
     {
           for(j=2;j<=sqrt(n-a);j++)
           {
                if((n-a)%j==0)
                {
                      flag2=0;
                      break;
                }
            }
      }
     if(flag1&&flag2)
     {
           printf("%d=%d+%d\n",n,a,n-a);
           break;
     }
 }
 if(a>n/2)
      printf("%d cannot be decomposed to the sum of two prime numbers\n",n);
 return 0;
}
```

【运行结果】以下是此程序的两次运行结果。

```
100
100=3+97
```

```
786
786=13+773
```

5.3 拓展知识

5.3.1 用 goto 语句实现循环控制

1. goto 语句

用法：goto 语句标号;。

功能：goto 语句的功能是无条件地跳转到标号所指的语句。

说明：语句标号用于定义程序中的某个位置，用标识符表示，它的命名规则与变量命名规则相同，即由字母、数字和下划线组成，其第一个字符必须为字母或下划线。

例如，“goto Label_1;”是合法的；而“goto 2a3;”是不合法的。

2. 用 goto 语句与 if 语句实现循环

形式 1：

```
loop:
    语句;
if(表达式)
    goto loop;
```

形式 2：

```
loop1:
    if(表达式)
        goto loop2;
    语句;
    goto loop1;
loop2:
    语句;
```

3. 应用举例

问题描述：用 if 语句和 goto 语句构成循环，求 1～100 的和。

程序示例 1：

```
#include <stdio.h>
int main()
{
     int i,sum=0;
     i=1;
loop:
```

```
        if(i<=100)
        {
            sum=sum+i;
            i++;
            goto loop;
        }
        printf("The sum is %d\n",sum);
        return 0;
}
```

程序示例 2：

```
#include <stdio.h>
int main()
{
    int i,sum=0;
    i=1;
loop1:
    if(i>100)
        goto loop2;
    sum=sum+i;
    i++;
    goto loop1;
loop2:
    printf("The sum is %d\n",sum);
    return 0;
}
```

上述两个示例程序均和 while 循环等价。

5.3.2 不提倡使用 goto 语句

goto 语句能实现程序的无条件转移，为编程提供了便利。但由于其是“无条件跳转”，所以很难控制，它的使用会破坏程序的结构化程度。因此，在结构化程序设计中除非万不得已，一般不使用 goto 语句，以免造成程序流程的混乱，使理解和调试程序都产生困难。

本 章 习 题

一、选择题

1. 以下关于 while 语句叙述正确的是(　　)。

A. while 循环体至少执行一次

B. while 循环可以通过 break 语句跳出

C. while 循环体中可以使用复合语句，且不需要用花括号括起来

D. while 循环可以用于循环次数不确定的情况

2. 以下关于 do-while 语句叙述正确的是(　　)。

A. do-while 语句构成的循环不能用其他语句构成的循环替代

B. do-while 语句循环体至少执行一次

C. do-while 语句在 while 后的表达式为真时结束循环

D. do-while 语句循环体运行到 continue 时，跳出循环体，执行“while(表达式);”后面的语句

3. 以下关于 for 语句叙述正确的是(　　)。

A. for 循环是先执行循环体语句，后判断表达式

B. for 循环的循环体包含多条语句时，必须用花括号括起来

C. for 循环中表达式 2 为空表明循环条件为假，不执行循环体

D. for 循环只能用于循环次数已经确定的情况

4. 关于 break 和 continue 语句，以下叙述正确的是(　　)。

A. break 语句只能用于 switch 语句体中

B. continue 语句的作用是：使程序的执行流程跳出包含它的循环体

C. break 语句只能用在循环体内或 switch 语句体内

D. 在循环体内使用 break 语句和 continue 语句的作用相同

5. 语句“for(*i*=0; *i*<10; *i*++);”执行结束后，*i* 的值是(　　)。

A. 0　　B. 9　　C. 10　　D. 11

6. 下面的程序段执行后 *a* 的值是(　　)。

```
int a=2;
do
{
     a=a+1;
     if(a%2==1)continue;
     a=a+1;
}while(a<10);
```

A. 9　　B. 10　　C. 11　　D. 12

7. 关于语句“for(*i*=0, *s*=0; *i*++<10; *i*++, *s*+=*i*);”以下叙述正确的是(　　)。

A. 存在语法错误　　B. 循环体为 *i*++, *s*++;

C. 循环体为空语句　　D. 执行完毕后，*i*=10, *s*=45

8. 关于下面的程序，叙述正确的是(　　)。

```
#include <stdio.h>
int main()
{
     int i,a,count=0;
     for(i=0;i<10;i++)
     {
          scanf("%d",&a);
          if(a>=60)count++;
          if(a<0)break;
```

```
    }
    printf("count=%d",count);
    return 0;
}
```

A. for 循环执行结束后，i 的值为 10

B. for 循环执行次数由输入情况确定

C. 程序功能是统计输入的 10 个数字中，大于等于 60 的个数

D. 循环体有可能一次都不执行

9. 对下面程序段描述错误的是(　　)。

```
#include <stdio.h>
int main()
{
    int i=2;
    while(i--)
        printf("%d",i);
    return 0;
}
```

A. while 循环的结束条件是 i 的值为 0

B. 程序输出为 210

C. 循环结束后，i 的值为−1

D. 编写程序时，尽量避免将自增/自减运算作为循环条件

10. 下面程序的输出结果是(　　)。

```
#include <stdio.h>
int main()
{
    int i,s=0;
    for(i=11;i<20;i+=2)
        s+=i+1;
    printf("%d\n",s);
    return 0;
}
```

A. 11～19 的累加和　　B. 12～20 的累加和

C. 11～20 的奇数之和　　D. 11～20 的偶数之和

11. 以下语句不是死循环的是(　　)。

A. for(y=0, x=1; x>++y; x++);　　B. for(;;x++)

C. while(1) {x++;}　　D. do{i=1; i++;}while(i<10);

12. 若 x，y 均为 int 型变量，则执行以下语句的结果是(　　)。

```
#include <stdio.h>
int main()
```

```
{
    int x,y;
    for(x=1;x<5;x=x+2)
    {
        for(y=1;y<5;y++)
            printf("%d ",x*y);
            if(y==5)
                printf("\n");
    }
    return 0;
}
```

A. 1 2 3 4
　3 6 9 12

B. 1 2 3 4
　6 9 12 15

C. 1 2 3 4 5

D. 2 3 4
　6 9 12
　10 15 20

13. 下面程序的输出结果是(　　)。

```
#include <stdio.h>
int main()
{
    int i,j,s=0;
    for(i=1;i<=5;i++)
        for(j=1;j<=i;j++)
            if(i*j%2==0)
                s=s+i*j;
    printf("s=%d\n",s);
    return 0;
}
```

A. 52　　B. 58　　C. 82　　D. 144

14. 以下计算 1+3+5+…+99 的程序段错误的是(　　)。

A.

```
for(i=1, s=0; i<100; i+=2)
s+=i;
```

B.

```
for(i=1, s=0; i<100; i++)
    if(i%2==1)
        s+=i;
```

C.

```
do
{
 i=1;s=0;
 s=s+i; i=i+2;
 }while(i<100);
```

D.

```
i=1,s=0;
while(i<100)
   s=s+i,i=i+2;
```

15. 从键盘输入 abcdxyz，按回车键确认后，下面程序输出(　　)。

```
#include <stdio.h>
int main()
{
    int ch;
    while((ch=getchar())!='\n')
        putchar((ch+4-'a')%26+'a');
    return 0;
}
```

A. efghbcd　　B. ABCDXYZ　　C. abcd|}～　　D. zyxdcba

16. 下面程序的运行结果是(　　)

```
#include <stdio.h>
int main()
{
    int i,j,a=0,b=0;
    for(i=1;i<=10;i++)
    {
        if(i%2==0)
        {
            a++;
            continue;
        }
        for(j=1;j<=10;j++)
        {
            if(j%2==0)
                break;
            b++;
        }
    }
    printf("a=%d,b=%d\n",a,b);
    return 0;
}
```

A. a=1, b=5　　B. a=5, b=0　　C. a=5, b=5　　D. a=5, b=100

二、填空题

1. 循环结构的 3 种常用语句分别为___①___，___②___和___③___。

2. break 语句的作用是___①___，continue 语句的作用是___②___。

3. 循环体的执行次数一般由___①___、___②___和___③___共同决定。

4. 父亲 30 岁，儿子 6 岁。以下程序是求多少年后，父亲年龄是儿子的两倍。请将程序补充完整。

```
#include <stdio.h>
int main()
{
```

```
    int ageFather=30,ageSon=6,year=0;
    while(ageFather____①____ageSon*2)
    {
        ____②____
        ageFather++;
        ageSon++;
    }
    printf("After %d years later,the age of Father is double to the
    sun!\n",year);
    return 0;
}
```

5. 某父母打算在银行存一笔钱作为孩子的教育基金，计划小学六年每年取 2000 元，中学六年每年取 5000 元。假设银行一年期整存整取利率为 3.0%，不考虑利率变化，从存钱的第一年后开始支取，到孩子高中毕业刚好取完。以下程序是该父母计算所需的存钱金额。请将程序补充完整。

```
#include <stdio.h>
int main()
{
    int y;
    double fund,rate;
    rate=0.03;
    fund= ____①____;
    for(y=0;y<6;y++)
        ____②____
    for(y=0;y<6;y++)
        ____③____
    printf("fund=%lf\n",fund);
    return 0;

}
```

6. 执行下面的程序时,输入 00102305<回车>,则其中 while 循环体将执行____________次。

```
#include <stdio.h>
int main()
{
    char ch;
    while((ch=getchar())=='0')
        printf("*");
    return 0;
}
```

7. 从键盘输入 1 2 3 4 5 6 7 8 9 10 11 12 13 14 15<回车>，下面的程序输出____________。

```
#include <stdio.h>
int main()
{
    int ch;
    while((ch=getchar())!='\n')
        if((ch-'0')%2==1)
            putchar(ch);
    return 0;
}
```

8. 以下程序的输出结果是__________。

```
#include <stdio.h>
int main()
{
    int num=0;
    while(num<=2)
    {
        num++;
        printf("%d ",num);
    }
    return o
}
```

9. 下面程序的输出结果是__________。

```
#include <stdio.h>
int main()
{
    int i,j,k=1;
    for(i=1;i<=3;i++)
    {
        for(j=1;j<=3;j++)
        {
            if((i*j)>5)
                break;
            k=i*j;
        }
    }
    printf("k=%d\n",k);
    return 0;
}
```

10. 以下程序的运行结果是__________。

```
#include <stdio.h>
int main()
```

```
{
    int i=1,s=3;
    do
    {
        s+=i++;
        if(s%7==0)
            continue;
        else
            ++i;
    } while(s<20);
    printf("%d",i);
    return 0;
}
```

三、程序改错题

1. 下面的程序是统计公元1年～2015年的闰年数，请找出并修改程序中的错误，使其能输出正确结果。

```
#include <stdio.h>
int main()
{
    int year,count=0;
    for(year=1;year<=2015;)
    {
        if(year%4==0||year%100!=0&&year%400==0)
            count++;
    }
    printf("count=%d\n",count);
    return 0;
}
```

2. 下面的程序是统计输入的一系列字符中数字0的个数，请找出并修改程序中的错误，使其能输出正确结果。

```
#include <stdio.h>
int main()
{
    int count;
    char ch;
    do
        ch=getchar();
        if(ch==0)count++;
    while(ch!='\n');
    printf("count=%d\n",count);
    return 0;
}
```

3. 以下程序的功能是从键盘输入 10 个数，求最大者，并输出。请找出并修改程序中的错误，使其能输出正确结果。

```
#include <stdio.h>
int main()
{
    int score,i,max;
    for(i=0;i<=10;i++)
    {
        scanf("%d",score);
        if(i=0)
            max=score;
        else
            if(max>score)
                max=score;
    }
    printf("The max is %d\n",max);
    return 0;
}
```

4. 下面的程序是求公式 s=1+1/2+1/3+1/4+…+1/n 的值，请找出并修改程序中的错误，使它能计算出正确的结果。

```
#include <stdio.h>
int main()
{
    double s=1.0;
    int i,n;
    scanf("%d",&n);
    for(i=2;i<=n;i++)
        s+=1/i;
    printf("s=%lf",s);
    return 0;
}
```

5. 下面的程序是验证 100 以内的奇数平方除以 8 的余数都为 1。请找出并修改程序中的错误，使它能输出正确结果。

```
#include <stdio.h>
int main()
{
    int i;
    for(i=1;i<=100;i++);
    {
        if(i%2==1)
            printf("(%d*%d)div8=%d…%d\n",i,(i*i)/8,(i*i)%8);
```

```
        }
        return 0;
    }
```

四、编程题

1. 编程输出 2～30 的所有能被 4 整除的数。

2. 从键盘输入任意一个小于 100 的正整数 n，计算并输出给定整数 n 的所有因子(不包括 1 和 n 本身)之和。

3. 验证 100 以内的所有大于 2 的正偶数都能够分解为两个素数之和。

4. 从键盘输入两个两位正整数 a，b，然后将 a，b 合并形成一个新的 4 位整数放在 c 中。合并的方式是：将 a 中的十位和个数位依次放在变量 c 的千位和十位上，b 中的十位和个位数依次放在变量 c 的百位和个位上。

第6章　函　　数

【本章内容】

(1) 掌握C语言函数的定义方法，认识函数参数及函数返回值的意义。

(2) 掌握C语言函数调用的方式及参数传递的方式。

(3) 掌握C语言函数嵌套调用和递归调用的方法。

【重点难点】

(1) 函数的定义、函数的调用。(重点)

(2) 变量作用域的含义，局部变量和全局变量的应用。(重点)

(3) 函数的嵌套调用、递归调用。(难点)

6.1　知识点解析

6.1.1　函数的定义

1. 库函数

调用C语言标准库函数时要包含include命令，include命令行以“#”开头，后面是""或<>括起来的后缀为“.h”的头文件。以“#”开头的一行称为编译预处理命令行，编译预处理不是C语言语句，不加分号，不占运行时间。

2. 函数的定义格式

函数是具有一定功能的一个程序块。函数的定义格式为：

```
函数类型 函数名(类型 1 形参 1, 类型 2 形参 2, …)
{
    函数体
}
```

在函数定义中不可以再定义函数，即不能嵌套定义函数。函数类型默认为int型。在函数体中可以使用的变量有自定义局部变量、形参变量、全局变量等。

3. 函数的返回值

函数通过return语句返回一个值，返回的值类型与函数类型一样。一个函数中可以有多条return语句，但是多条return语句中只有一条被执行，而且return语句只执行一次，执行完return语句或函数体结束后退出函数。

6.1.2　函数的调用

1. 函数的声明

函数要“先定义后调用”，或“先声明再调用后定义”。函数的声明一定要有函数名、函数返回值类型、函数参数类型，但不一定要有形参的名称。

2. 函数的参数

形式参数简称形参，是定义函数时函数名后面括号中的参数。形参变量名只在本函数内有效，是该函数的局部变量，在整个函数体内都可以使用，离开该函数则不能使用，所以不同的函数可以有相同的形参变量名。形参变量名也可以与全局变量名相同。实际参数简称实参，出现在主调函数中，是调用函数时函数名后面括号中的参数。

3. 函数的调用过程

主调函数从上向下执行，遇到函数调用时，程序运行控制权转移至被调函数。当主调函数得到了被调函数的返回值或不带返回值的被调函数运行结束返回后，主调函数再顺序向下执行。发生函数调用的过程中，主调函数把实参的值传送给被调函数的形参从而实现主调函数向被调函数的数据传送。

实参和形参分别占据不同的存储单元。实参向形参单向传递数值。有时，会根据实参向形参传值方式的不同，将参数传递方式分为“传值”和“传址”两种。“传值”与“传址”的区别在于传递的参数是否是内存地址(即指针)。本质上来说，地址(或指针)也可以理解为值，传地址是一种特殊的传值。传值方式中，形参的变化不会改变实参的变化。传址方式中，被调函数对形参的改变会同步影响到实参。

4. 函数的嵌套调用

在一个函数的定义中出现对另一个函数的调用，即一个函数的处理过程中可以调用另外一个函数，称为函数的嵌套调用。嵌套调用过程中，按照调用的层次，当里层函数返回后再继续执行外层函数。

5. 函数的递归调用

函数直接或间接地调用自己称为函数的递归调用。递归调用必须有一个明确的结束递归的条件。控制递归结束条件和调用自己函数的条件，以防无限次地递归调用一个函数。

6.2　案 例 分 析

1. 分析下列程序的运行结果。

```
#include <stdio.h>
int main( )
int m=4;
int func(int x,int y)
```

```
{
    int m=1;
    return(x*y-m);
}
int main()
{
    int a=2,b=3;
    printf("%d\n",m);
    printf("%d\n",func(a,b)/m);
    return 0;
}
```

【问题分析】整型变量 m 在函数外定义，因此 m 为全局变量，其作用范围为其定义位置开始，一直到整个程序结束。函数 func 与 main 都可以访问变量 m。

程序的执行流程如下：

(1) 程序首先执行 main 函数。

(2) 执行“printf("%d\n", *m*);”，即输出 m 中的值 4(初始值)，并换行。

(3) 执行“printf("%d\n", func(*a*, *b*)/*m*);”，即输出表达式 func(*a*,*b*)/*m* 的值，为了计算该表达式，需要调用函数 func。此时 main 将 a=2, b=3 作为实参传递给 func 的形参 x 和 y，程序开始转向执行 func 函数，此时 func 中的 x 为 2，y 为 3。

(4) 执行“int *m*=1;”，此句定义了一个局部变量 m 并赋值为 1。局部变量 m 的作用域为 func 的函数体，因此在 func 函数的函数体中，访问变量 m 就是访问局部变量 m。

(5) 执行“return(*x***y*–*m*);”，即“return(2*3–1);”返回的是整数 5。

(6) func 函数返回至 main 函数中的被调用处。

(7) main 函数中 func(*a*,*b*)的值为 5，func(*a*,*b*)/*m*=5/4=1，注意，在 main 函数中访问的 m 为全局变量 m，此时 main 函数无法访问 func 函数中的局部变量 m，因为 func 中 m 的使用范围为 func 的函数体。

【运行结果】

```
4
1
```

2. 使用函数计算 1+2+⋯+n 的值，n 初始值由键盘读入。

【问题分析】本题要求使用自定义函数，可以自定义函数 *s*(int *n*)，其中变量 n 是形参，变量 n 是函数 s 的局部变量，该函数的功能是求 $\sum n$ 的值。

```
void s(int n)
{
        计算∑n;
        输出∑n;
}
```

主函数 main 中定义局部变量 n，用于保存从键盘读入的一个整数，以 n 为实参调用函数 s。

```
int main()
{
    定义变量 n;
    调用函数 s;
}
```

【算法设计】在主函数中输入 *n* 值，并作为实参，在调用时传送给 *s* 函数的形参变量 *n*(注意，本例的形参变量和实参变量的标识符都为 *n*，但这是两个不同的量，各自的作用域不同)。在函数 *s* 中用 printf 语句输出了一次 *n* 值，这个 *n* 值是形参最后取得的 *n* 值。从运行情况看，输入 *n* 值为 100。即实参 *n* 的值为 100。把此值传给函数 *s* 时，形参 *n* 的初值也为 100，在执行函数的过程中，形参 *n* 的值变为 5050。

该算法流程图如图 6-1 所示。

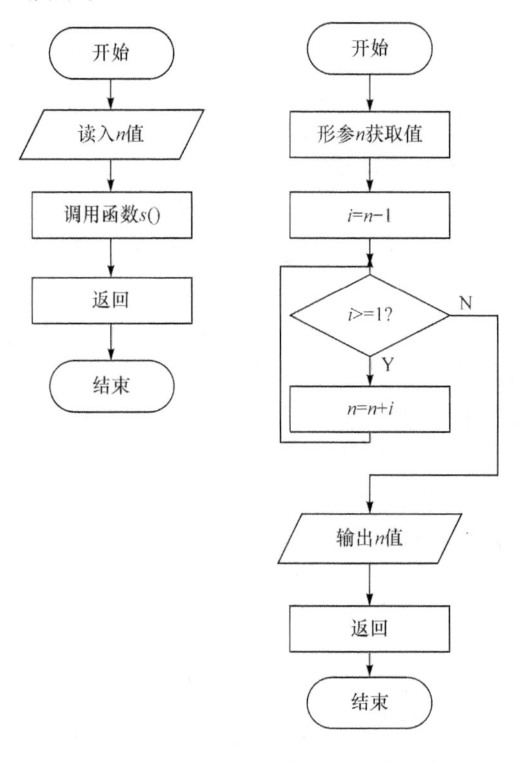

图 6-1　案例 2 算法流程图

【参考程序】

```
#include <stdio.h>
void s(int n)
{
    int i;
    for(i=n-1;i>=1;i--)          /*形参 n 是局部变量，用于求和*/
        n=n+i;
    printf("n=%d\n",n);          /*输出求和结果*/
}
```

```
int main()
{
     int n;
     printf("input number\n");  /*提醒读键盘*/
     scanf("%d",&n);            /*从键盘读取n的值*/
     s(n);                      /*传入n值，调用函数s处理。不取s的返回值*/
     return 0;
}
```

【运行结果】

```
input number
100↙
n=5050
n=100
```

3. 使用函数的嵌套调用方法，计算 $s=1^2!+2^2!+3^2!$。

【问题分析】表达式 $a^n!$的计算方法是先计算 a^n 的值(设为 x)，然后计算 $1*2*3*\cdots*x$，并作为原表达式的值。本题可编写两个自定义函数，一个是用来计算平方值的函数 f_1，另一个是用来计算阶乘值的函数 f_2。主函数先调用 f_1 计算出平方值，再在 f_1 中以平方值为实参，调用 f_2 计算其阶乘值，然后返回 f_1，再返回主函数，在循环程序中计算累加和。三个函数的模型如下：

```
long f2(int q)/*根据q值计算1*2*3*4*…*q并返回*/
{
     定义循环变量i和用于保存结果的局部变量c;
     计算1*2*3*4*…*q,结果存放于变量c中;
     返回c;
}
long f1(int p)/*根据p值，计算1*2*3*4*…*(p*p) 并返回*/
{
     定义保存结果值的局部变量r;
     调用函数f2，计算(p*p)!，运算结果保存在变量r中;
     返回r;
}
int main()
{
     定义循环变量i和用于保存运算结果的局部变量s;
     变量i从1循环到3:
     调用函数f1，累加计算i²!;
     打印输出s;
}
```

在程序中，函数 f_1 和 f_2 均为长整型，都在主函数之前定义，故不必再在主函数中对 f_1 和 f_2 加以说明。在主程序中，执行循环程序依次把 i 值作为实参调用函数 f_1 求 i^2 值。在 f_1 中又发

生对函数 f_2 的调用，这时是把 i^2 的值作为实参去调用 f_2，在 f_2 中完成求 $i^2!$ 的计算。f_2 执行完毕把函数值(即 $i^2!$)返回给 f_1，再由 f_1 返回主函数实现累加。至此，由函数的嵌套调用实现了题目的要求。由于数值很大，所以函数和一些变量的类型都说明为长整型，否则会造成计算错误。

【参考程序】

```
#include <stdio.h>
long f2(int q)
{
    long c=1;
    int i;
    for(i=1;i<=q;i++)                    /*计算阶乘值1*2*3*…*q*/
        c=c*i;
    return c;                            /*返回结果*/
}
long f1(int p)
{
    long r;
    r=f2(p*p);                           /*调用函数f2*/
    return r;                            /*对main函数返回结果*/
}
int main()
{
    int i;
    long s=0;                            /*用于保存阶乘的值*/
    for (i=1;i<=3;i++)
        s=s+f1(i);                       /*3次调用函数f1*/
    printf("\ns=%ld\n",s);              /*输出结果*/
    return 0;
}
```

【运行结果】

```
s=362905
```

4. 用递归法计算 $n!$，n 的值由键盘读入。

【问题分析】在递归调用中，主调函数又是被调函数。执行递归函数将反复调用其自身，每调用一次就进入新的一层。

用递归法计算 $n!$ 可用下述公式表示：

当 $n=0$ 或者 $n=1$ 时，$n!=1$

当 $n>1$ 时，$n!=(n-1)!\times n$

【算法设计】本题可以定义一个递归调用的函数 long ff(int *n*)，形参表示 n 值，返回 $n!$ 值，函数体中调用函数 ff。函数 ff 根据参数的类别分类处理，对于合法的参数($n>=0$)返回一个数值。算法流程图如图 6-2 所示。

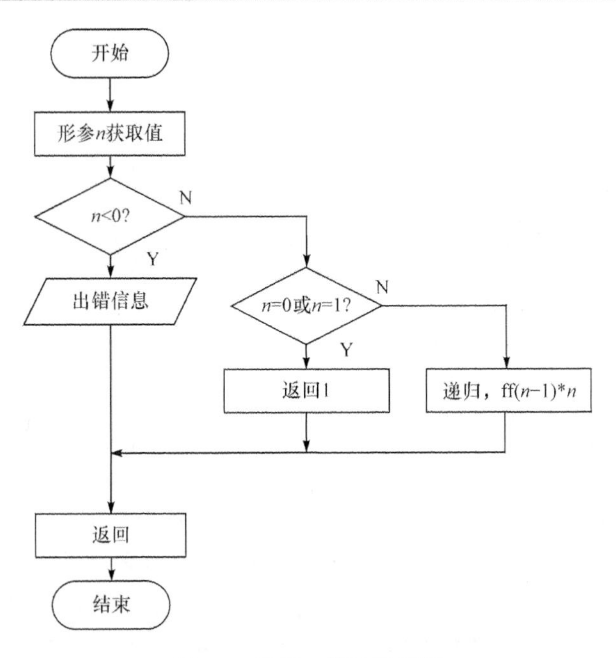

图 6-2　案例 4 算法流程图

【参考程序】

```
#include <stdio.h>
long ff(int n)
{
    long f=0;
    if(n<0)
        printf("n<0,input error");              //递归退出的条件
    else if(n==0||n==1)
        f=1;                                    //递归退出的条件
    else
        f=ff(n-1)*n;                            //递归调用
    return f;
}
int main()
{
    int n;
    long y;
    printf("\ninput a integer number:\n");
    scanf("%d",&n);
    y=ff(n);
    printf("%d!=%ld",n,y);
    return 0;
}
```

程序中给出的函数 ff 是一个递归函数。主函数调用 ff 后即进入函数 ff 执行，如果 $n<0$，$n==0$ 或 $n==1$，都将结束函数的执行，否则就递归调用 ff 函数自身。由于每次递归调用的实参

为 n–1，即把 n–1 的值赋予形参 n，最后当 n–1 的值为 1 时再递归调用，形参 n 的值也为 1，将使递归终止，然后可逐层返回。

【运行结果】

```
input a integer number:
5↙
5!=120
```

6.3 拓展知识

下面来看一个例子，要求使用递推和递归函数来解决斐波那契数列问题。其中，斐波那契数列是指满足如下条件的整型序列 f: $f(1)=1, f(2)=1$，且满足关系式 $f(n)=f(n-1)+f(n-2)$。

递推是理性思维模式的代表，是一种用若干步可重复运算来描述复杂问题的方法，是序列计算中的一种常用算法。递推算法往往需要知道答案和问题之间的逻辑关系，根据已有的数据和关系，逐步推导而得到结果。在许多数学问题中，都有明确的计算公式可以遵循，因此往往可以采用递推来实现。递推的结构为线型，模型上来看，类似于人的简单逻辑推理，如人从一件事想到另一件事。

递归则是指在程序中不断直接或者间接地反复调用自身来达到求解问题的方法，它在程序设计语言中有着广泛的应用，通过递归可以把一个大型复杂的问题层层转化为一个与原问题相似的规模较小的问题来求解。一般来说，递归算法从已知问题的结果出发，用迭代表达式逐步推算出问题开始的条件，即顺推法的逆过程。递归是自我嵌套的复杂结构，从模型上看，“我梦见自己在做梦”中的“梦”类似于递归。编写递归算法时，尤其要注意递归出口的条件的处理。

【参考程序】

1. 递推求解

```
int fib(int n)
{
    int i,t,f=0,fn=1;
    for(i=0;i<n;i++)
    {
        t=fn;
        fn=fn+f;
        f=t;
    }
    return f;
}
```

2. 递归求解

```
int fib(int n)
{
      return(n<3)?1:fib(n-1)+fib(n-2);
```

```
}
```

相对而言，递归与递推有如下区别：

(1) 从程序上看，递归表现为自己调用自己，递推则没有这样的形式。

(2) 递归是从问题的最终目标出发，逐渐将复杂问题化为简单问题，最终求得问题，是逆向的。递推是从简单问题出发，一步步地向前发展，最终求得问题，是正向的。

(3) 递归中，问题的 n 要求是计算之前就知道的，而递推可以在计算中确定，不要求计算前就知道 n。

(4) 一般来说，递推的效率高于递归(当然是在递推可以计算的情况下)。

本章习题

一、选择题

1. 以下说法正确的是(　　)。

A. C 语言程序总是从第一个函数开始执行

B. C 语言程序中，要调用函数必须在 main 函数中定义

C. C 语言程序总是从 main 函数开始执行

D. C 语言程序中的 main 函数必须放在程序的开始部分

2. 在调用函数时，如果实参是一个整型变量，它与对应形参之间的数据传递方式是(　　)。

A. 地址传递

B. 单向值传递

C. 由实参传形参，再由形参传实参

D. 传递方式由用户指定

3. 以下叙述中不正确的是(　　)。

A. 调用函数时，实参与形参在数目、次序和类型上应一一对应

B. 调用函数时，将为形参分配内存单元

C. 调用函数时，实参数组与形参数组的类型必须一致

D. 调用函数时，形参必须是整型或者字符型

4. 以下对 C 语言函数的有关描述中，正确的是(　　)。

A. 调用函数时，只能把实参的值传给形参，形参的值不能传给实参

B. 函数既可以嵌套定义又可以递归调用

C. 函数必须有返回值，否则不能使用函数

D. 函数必须有返回值，返回值类型不定

5. 以下关于 C 语言函数参数的说法中，不正确的说法是(　　)。

A. 实参可以是常量、变量或表达式

B. 形参可以是常量、变量或表达式

C. 实参可以为任何类型变量

D. 形参应与其对应的实参类型一致

6. C 语言规定，函数返回值的类型是由(　　)决定的。

A. 函数定义时指定的类型

B. return 语句中的表达式类型

C. 调用该函数时使用的实参数据类型

D. 形参的数据类型

7. 在 C 语言中，函数的数据类型是指(　　)。

A. 函数返回值的数据类型

B. 函数形参的数据类型

C. 调用该函数时的实参的数据类型

D. 任意指定的数据类型

8. 设有整型变量 *x*，则函数调用语句“fun(*x*,*x*+*x*,(*x*,*x*));”中有(　　)个实参。

A. 1　　B. 3　　C. 2　　D. 5

9. 有以下程序：

```
#include <stdio.h>
int f(int n)
{
      if(n==1)
          return 1;
      else
          return f(n-1)+1;       //递归调用
}
int main()
{
      int i,j=0;
      for(i=1;i<3;i++)
           j+=f(i);
      printf("%d\n",j);
      return 0;
}
```

程序运行后的输出结果是(　　)。

A. 4　　B. 3　　C. 2　　D. 1

10. C 语言允许函数类型缺省定义，此时函数值默认的类型是(　　)。

A. float　　B. int　　C. long　　D. double

11. 有以下程序：

```
#include <stdio.h>
void fun(int x,int y,int z)           //该函数没有返回值
{
   z=x*x+y*y;
}
int main()
{
   int a=31;
   fun(5,2,a);
```

```
    printf("%d",a);
    return 0;
}
```

程序运行后的输出结果是(　　)。

A. 0　　B. 29　　C. 31　　D. 无定值

12. 有以下程序：

```
#include <stdio.h>
void fun(int a,int b,int c)
{
    a=56,b=67,c=a;
}
int main()
{
    int x=10,y=20,z=30;
    fun(x,y,z);
    printf("%d,%d,%d\n",x,y,z);
    return 0;
}
```

输出结果是(　　)。

A. 30,20,10　　B. 10,20,30

C. 56,67,56　　D. 67,67,56

13. 以下程序的输出结果是(　　)。

```
#include <stdio.h>
long fun(int n)
{
    long s;
    if(n==1||n==2)          //递归退出
        s=2;
    else
        s=n+fun(n-1);       //递归调用
    return s;
}
int main()
{
    printf("%ld\n", fun(4));
    return 0;
}
```

A. 9　　B. 7　　C. 5　　D. 4

14. 阅读下面的程序段，则执行后的结果为(　　)。

```
#include <stdio.h>
fun(int m,int n)
{
    return m*m-n*n;
}
int main()
{
    int m=5,n=2,k;
    k=fun(m,n);
    printf("%d\n",k);
    return 0;
}
```

A. 64　　B. 8　　C. 56　　D. 21

15. 阅读下面的程序段，则执行后输出的结果是(　　)。

```
#include <stdio.h>
int main()
{
    char fun(char,int);
    char a='A';
    int b=2;
    a=fun(a,b);
    putchar(a);
    return 0;
}
char fun(char a,int b)
{
    char k;
    k=a+b;
    return k;
}
```

A. A　　B. B　　C. C　　D. D

二、填空题

1. 将下列程序补充完整，使之能正确运行。例如，键盘输入 2，则输出 1.333333；键盘输入 20，则输出 1.904762。

s=1/1+1/(1+2)+1/(1+2+3)+…+1/(1+2+3+4+…+n)

```
#include <stdio.h>
 ____①____                               //定义函数fun()
{
     int i;
       ____②____                         //定义局部变量s和t，并赋初值
     for(i=1;i<=n;i++)
     {
```

```
        t=t+i;
        s=s+1/t;
    }
    return s;                                   //返回运算结果
}
int main()
{
    int n;
    printf("input number\n");
    scanf("%d",&n);                             //从键盘读取 n 的值
    printf("The result is %f\n",fun(n));        //传入 n 值，调用函数 fun
    return 0;
}
```

2. 本程序的功能是在三位正整数中寻找符合下列条件的整数，它既是完全平方数，又有两位数字相同，如 144、676 等，下列程序要找出所有满足上述条件的三位数并输出。其中函数 flag 用于判断三个参数有没有其中两个相同，没有则返回 0，有则返回 1。

```
#include <stdio.h>
int flag( ___①___ )          //判断 x、y、z 有没有相同
{
   return !((x-y)*(x-z)*(y-z));
}
int main()
{
  int n,k,a,b,c;              //变量 n 是要找的数
  for(k=1;;k++)
  {
      n=k*k;                  //必须是完全平方数
      if(n<100)
          continue;
      if(n>999)
          break;
      a=n/100;                //分别取该数的个位数、十位数、百位数
      b=___②___;
      c=n%10;
      if(flag(a,b,c))
          printf("\n%d=%d*%d\n",n,k,k);
  }
  return 0;
}
```

三、运行程序题

1. 读程序、写结果。

```
#include <stdio.h>
void fun(int x,int y)
{
    int a,b;
    float d;
    a=x+14;
    b=y-4;
    d=(float)(b/a);
    printf("d=%f\n",d);
}
int main()
{
    int b=9,a=6,c;
    c=b/a;
    printf("c=%d\n",c);
    return 0;
}
```

2. 读程序、写结果。

```
#include <stdio.h>
int d=1;
void fun(int p)
{
    int d=5;
    d+=p++;
    printf("%d\n",d);
}
int main()
{
    int a=3;
    fun(a);
    d+=a++;
    printf("%d\n",d);
    return 0;
}
```

3. 读程序、写结果。

```
#include <stdio.h>
void test()
{
    static int x=0;
    printf("%d\n",++x);
}
int main()
```

```
{
   test();
   test();
   test();
   return 0;
}
```

四、编程题

1. 下列给定程序的功能是：读入一个整数($2 \leqslant k \leqslant 10000$)，打印它的所有质因子(即所有为素数的因子)。例如，若输入整数2310<回车>，则应输出2　3　5　7　11。请补充完整程序中函数IsPrime的定义，使程序能得出正确的结果。

```
#include <stdio.h>
int IsPrime(int n)
{

}
int main()
{
     int j,k;
     printf("\nEnter an integer number between 2 and 10000:");
     scanf("%d",&k);
     printf("\nThe prime factor of %d is :",k);
     for(j=2;j<=k;j++)
          if((!(k%j))&&IsPrime(j))
                printf("\n %4d",j);
     printf("\n");
     return 0;
}
```

2. 下列程序中，fun函数的功能是：根据形参 m，计算如下公式的值。

t=1+1/2+1/3+1/4+⋯+1/m

例如，若输入5<回车>，则应输出2.283333。

请补充完整程序中函数fun的定义，使程序能得出正确的结果。

```
#include <stdio.h>
double fun(int m)
{

}
int main()
{
     int m;
     printf("\nPlease enter 1 integer number:");
     scanf("%d",&m);
```

```
    printf("\nThe result is %lf\n",fun(m));
    return 0;
}
```

3. 从键盘输入两个数，求出其最大值(要求使用函数完成求最大值，并在主函数中调用该函数)。

4. 编写程序，自定义一个函数 IsPrimeNumber，用来判断一个整数是否为素数，输入一个数，输出是否为素数。主函数 main 从键盘读入一个整数 *n*，调用函数 IsPrimeNumber，计算 0～*n*(含)的所有素数的和。

5. 编写程序，用递归法将一个十进制正整数 *n* 转换成二进制。例如，输入 483，应输出 111100011。*n* 的位数不确定，可以是任意的正整数。将十进制正整数转化为二进制数的函数可以参考如下程序：

```
void convert(int n)
{
    if(n==0||n==1)
        printf("%d",n);
    else
    {
        convert(n/2);
        printf("%d",n%2);
    }
}
```

第 7 章　数　　组

【本章内容】

(1) 一维数组的定义、初始化和引用。

(2) 二维数组的定义、初始化和引用。

(3) 字符数组的定义、初始化和引用及常用的字符数组处理函数。

(4) 数组元素和数组作为函数参数。

【重点难点】

(1) 一维数组的定义和初始化。(重点)

(2) 二维数组的定义和初始化。(重点)

(3) 常用的字符数组处理函数。(重点)

(4) 数组元素作为实参。(重点、难点)

(5) 数组名作为实参。(重点、难点)

7.1　知识点解析

7.1.1　一维数组

1. 一维数组的定义

同一类型的数据可以存在数组中，一维数组的定义格式为：

```
类型说明符 数组名[常量表达式];
```

其中，常量表达式表示数组元素的个数，可以是一个整型常量或者一个整型符号或者一个整型常量表达式。

2. 一维数组的初始化

一维数组的初始化是指在定义数组时并赋初值，其初值用花括号括起来，初值的个数应小于或等于数组元素的个数。初始化时，一维数组的元素个数可以省略；若省略，元素个数为初值表中数据的个数。

3. 一维数组元素的引用

一维数组元素的引用格式为：

```
数组名[下标表达式]
```

其中，下标表达式只能为整型常量或整型表达式，其取值范围为 0～*N*–1(*N* 表示数组的长度)。

7.1.2　二维数组

1. 二维数组的定义

二维数组可以理解为一个二维表格，其二维数组的定义格式为：

```
类型说明符 数组名[常量表达式 1][常量表达式 2];
```

其中，常量表达式 1 表示行数；常量表达式 2 表示列数。二维数组元素是按行存放的。

2. 二维数组的初始化

二维数组的初始化是指定义数组的同时进行赋初值，允许行数省略。

二维数组可以按行初始化，但按行初始化时允许每行的元素个数比实际个数少。未初始化的元素默认为 0。

二维数组还可以将所有数值写在一对花括号内，即按数组元素在内存中排列的顺序赋初值，未初始化的元素则为 0。

3. 二维数组元素的引用

二维数组元素的引用格式为：

```
数组名[下标表达式 1][下标表达式 2]
```

其中，下标表达式 1 和下标表达式 2 的值必须为整型；下标表达式 1 的值是从 0 开始到数组的行数–1，下标表达式 2 的值是从 0 开始到数组的列数–1。

7.1.3　字符数组

1. 字符串常量

字符串常量是用双引号括起来的，系统在存储字符串常量时，自动在串尾添加结束符'\0'，串的实际存储字符比串长多 1 个字符。

2. 字符数组的定义

字符数组的定义形式与一维数组、二维数组的定义形式相同，数据类型为 char。

3. 字符数组的初始化

字符数组初始化时有两种形式：一是逐个元素初始化；二是用字符串常量对其进行初始化。

4. 字符数组元素的引用

字符数组元素的引用方法与一维数组、二维数组的元素引用方法相同。

5. 常用的字符串操作函数

(1) gets 函数。

功能：从终端输入一个字符串到字符数组中，允许字符串中含有空格。

(2) puts 函数。

功能：将一个字符串输出到终端，并自动输出换行符。

(3) strlen 函数。

功能：计算字符串的长度(不含字符串结束标志'\0')。

(4) strcat 函数。

功能：将第 2 个参量字符串连接到第 1 个参量字符串的后面，结果存放在第 1 个参量字符串中。

(5) strcmp 函数。

功能：比较两个字符串内部是否相同。

(6) strcpy 函数。

功能：将第 2 个参量字符串复制到第 1 个参量字符串中。

7.1.4　数组作为函数参数

1. 数组元素作为函数实参

调用函数时，数组元素可以作为实参，将数组元素的值传递给相应的形参，在函数中只能对形参进行操作，函数调用结束后，原来数组元素的值不发生改变。

2. 数组名作为函数参数

数组名作为实参，相应的形参为相同数据类型的数组。

注意：一维数组名表示数组元素的首地址。调用函数时，是将实参的值传给形参，即将数组的首地址传递给形参数组，从而形参数组和实参数组为同一数组，共同拥有一段内存空间。将数组名作为参数传递的是数组的地址，这种传递方式也称为地址传递。

7.2　案例分析

1. 下列语句定义错误的是(　　)。

A. #define *N* 20
　 int *a*[*N*];

B. #define *n* 10
　 float *b*[*n*];

C. float *a*[10+3];

D. int *n*=40;
　 int *s*[*n*];

答案：D

【解析】定义数组时，数组元素个数必须是整型常量表达式，而选项 D 中数组元素个数 *n* 为变量。

2. 下列语句定义错误的是(　　)。

A. int *a*[3]={1,2,3};

B. int *b*[6]={3,4,5};

C. char *c*[]={'a','b','c'}; D. float *d*[4]={6.3,7.5,8.0,9.4,10.2};

答案：D

【解析】一维数组初始化时，初始表中的数据个数应小于或等于数组元素个数；另外，初始化时，一维数组的元素个数可以省略。而选项 D 中初始表中数据的个数为 5 个，而数组 *d* 定义的大小为 4，不符合要求。

3. 下列程序运行后，其结果是____。

```
#include <stdio.h>
int main()
{
      int i;
      double a[5]={0.0};
      for(i=1;i<=4;i++)
      {   a[i]=a[i-1]*2.0+4;
          printf("%.1f  ",a[i]);
      }
      return 0;
}
```

答案：4.0　12.0　28.0　60.0

【解析】循环执行前，*a*[0]=*a*[1]=*a*[2]=*a*[3]=*a*[4]=0.0；循环执行时依次给数组元素 *a*[1]，*a*[2]，*a*[3]和 *a*[4]重新赋值。

4. 以下能对数组进行定义且赋初值正确的语句是(　　)。

A. int *N*=10,*a*[*N*][*N*]; B. double *b*[4][3]={{1,2,3},{4,5,6}};

C. double *a*[2][]={{1.5,2.5},{3,4}}; D. int *b*[1][3]={{1,2,3},{6,7,8}};

答案：B

【解析】选项 A 中二维数组 *a* 定义数组行数和列数为 *N*，*N* 是变量，而数组定义要求行数和列数必须为常量。选项 C 中二维数组 *a* 初始化时省略的是列数，而数组定义允许省略的是行数。选项 D 中定义行数为 1，而初始化列表中行数为 2，初始化列表中元素的个数多于定义的元素的个数。

5. 下列程序运行后的结果是____。

```
#include <stdio.h>
int main()
{
    int a[4][4]={{0,2,4,6},{1,3,5,7},{9,10,11,12}},i,s=0;
    for(i=0;i<4;i++)
         s+=a[i][2];
    printf("%d\n",s);
    return 0;
}
```

答案：20

【解析】数组 *a* 共有 4 行，其中最后一行数组元素 *a*[3][0]，*a*[3][1]，*a*[3][2]和 *a*[3][3]均为

0，该程序完成的是数组元素 $a[i][2](i=0,1,2,3)$的求和，$s=4+5+11+0=20$。

6. 设有数组定义："char c_1[]="china", c_2=['c','h','i','n','a'];"，则数组 c_1 所占的空间为____字节，数组 c_2 所占的空间为____字节。

答案：6，5

【解析】数组 c_1 是用字符串常量进行初始化的，字符串"china"在内存中存储的是'c','h','i','n','a','\0'六个字符，因此数组 c_1 的存储空间为 6 字节。而数组 c_2 是逐个字符存放的，它存放的是'c','h','i','n','a'五个字符，因此数组 c_2 存储空间为 5 字节。

7. 下列程序运行后，其输出结果为__________。

```
#include <stdio.h>
int main()
{
     char s[]="7890a12bc34";
     int i,count;
     for(i=0,count=0;s[i]>='0'&&s[i]<='9';i++)
          count=10*count+s[i]-'0';
     printf("%d\n",count);
     return 0;
}
```

答案：7890

【解析】本题中字符数组 s 共有 11 个元素，即'7', '8', '9', '0', 'a', '1', '2', 'b', 'c', '3', '4', for 语句的功能是将数组 s 中首个非数字字符前的数字字符组成的串转换成整型数值，因此该题的输出结果为 7890。

8. 下列程序的输出结果是__________。

```
#include <stdio.h>
#include <string.h>
int main()
{
     char s1[10]="34567",s2[10]="890",s3[]="12";
     strcat(strcpy(s1,s2),s3);
     puts(s1);
     return 0;
}
```

答案：89012

【解析】本题中，初始时，s_1 存放的是'3', '4', '5', '6', '7', '\0'；s_2 存放的是'8', '9', '0', '\0'；s_3 存放的是'1', '2', '\0'；当执行了 strcpy(s_1,s_2)函数后，s_1 中存放的是'8', '9', '0', '\0'；接着执行 strcat 函数，相当于执行 strcat(s1,s3)，函数执行后，s_1 中存放的是'8', '9', '0', '1', '2', '\0'，因此其输出结果为 89012。

9. 以下程序执行后，输出结果是__________。

```
#include <stdio.h>
```

```
void fun(int a[])
{
     int i;
     for(i=2;i<4;i++)
      a[i]*=2;
}
int main()
{
     int b[5]={2,4,6,8,10},i;
     fun(b);
     for(i=0;i<5;i++)
          printf("%d ",b[i]);
     return 0;
}
```

答案：2 4 12 16 10

【解析】本程序在主函数中申请了一个数组 *b*，共有 5 个元素，初始化其元素 *b*[0]=2，*b*[1]=4，*b*[2]=6，*b*[3]=8，*b*[4]=10，然后主程序 main 函数调用函数 fun，并将实参数组 *b* 的地址传递给形参数组 *a*，*b* 和 *a* 共用了相同的内存单元段，在 fun 函数中修改数组 *a* 中数组元素 *a*[2]和 *a*[3]的值，实际上是在修改数组 *b* 中数组元素 *b*[2]和 *b*[3]的值，因此 *b*[2]=6×2=12，*b*[3]=8×2=16，而 *b*[0]，*b*[1]和 *b*[4]的值不变，最后数组 *b* 其元素值为 2，4，12，16，10，所以输出结果为：2 4 12 16 10。

10. 编写程序实现如下功能，对于一个有 10 个整数的数组且各数组元素的值已按降序排列，用折半查找法查找其值等于指定值的数组元素，若找到，则输出其下标，否则输出信息“不存在”。

【问题分析】该题目中为了存放 10 个整数，必须定义一个整型数组，本题为：int *a*[10]，首先将 10 个整数输入数组中，因此定义函数 input(int *b*[],int *n*)用于输入 10 个整数；题目中又要求对这 10 个整数进行降序排列，因此定义函数 sort(int *b*[],int *n*)完成降序排列，其排序方法可用冒泡排序法；另外要求用户输入整数 *x* 后，在排序后的数组中进行查找，因此定义函数 search(int *b*[],int *n*,int *x*)，该函数用于在数组 *b* 中查找 *x*，若找到则返回数组元素下标，否则返回−1；最后依据 search 函数的返回值进行相应的输出。

冒泡排序法的设计思想：*n* 个数据排序共经过 *n*−1 轮，第 *i* 轮排序时，就是在数组元素 *b*[0][0]～*b*[*n*−*i*][0]中找出其最大值，并将该值所在的行调整至 *n*−*i* 行(即当前未排序的最后一行)，此处找最大值并调整行的方法是将相邻两个数 *b*[*j*][0]和 *b*[*j*+1][0](*j*=0,1,2,⋯,*n*−*i*−1)做比较，若 *b*[*j*][0]>*b*[*j*+1][0]，则交换这两行的数据。

折半查找法的设计思想：查找范围不断缩小一半，用变量 f_ind 表示查找结果，设置变量 l_ind 和 r_ind 分别表示在数组中查找范围的下标下限值和上限值，比较 *x* 与该范围数中的中间元素 m_ind(m_ind=(l_ind+r_ind)/2)，若 *x*>*b*[m_ind]，则 r_ind=m_ind−1；若 *x*<*b*[m_ind]，则 l_ind=m_ind+1；若 *x*=*b*[m_ind]，则 f_ind=m_ind，并返回 f_ind 值。经过上述操作，如果 *x* 未找到，则查找范围比原先缩小了一半，继续用上述方法进行查找，直至找到数 *x* 或者 l_ind>r_ind。

【算法设计】input 函数、sort 函数、search 函数、output 函数和 mian 函数的算法流程图分别如图 7-1～图 7-5 所示。

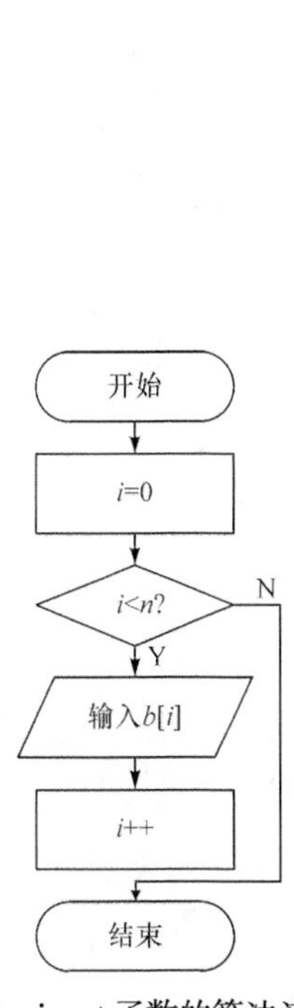

图 7-1　input 函数的算法流程图

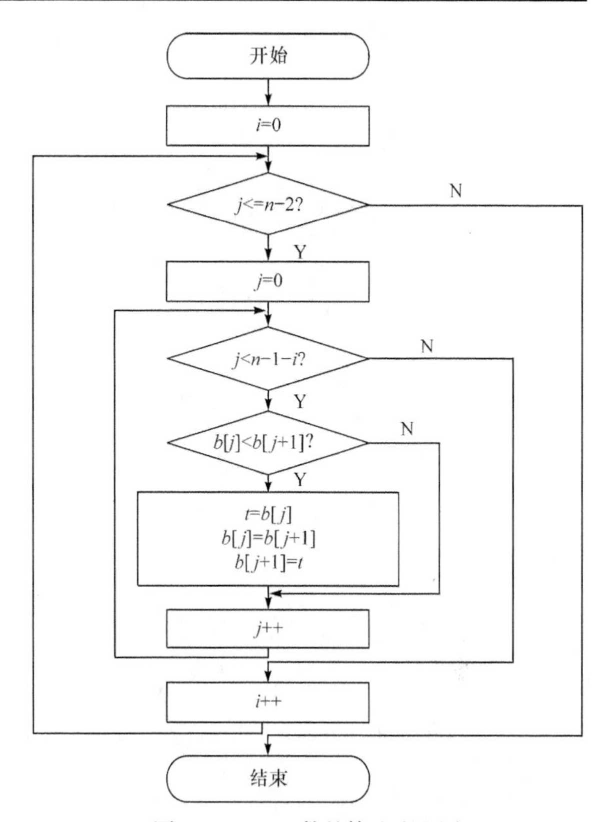

图 7-2　sort 函数的算法流程图

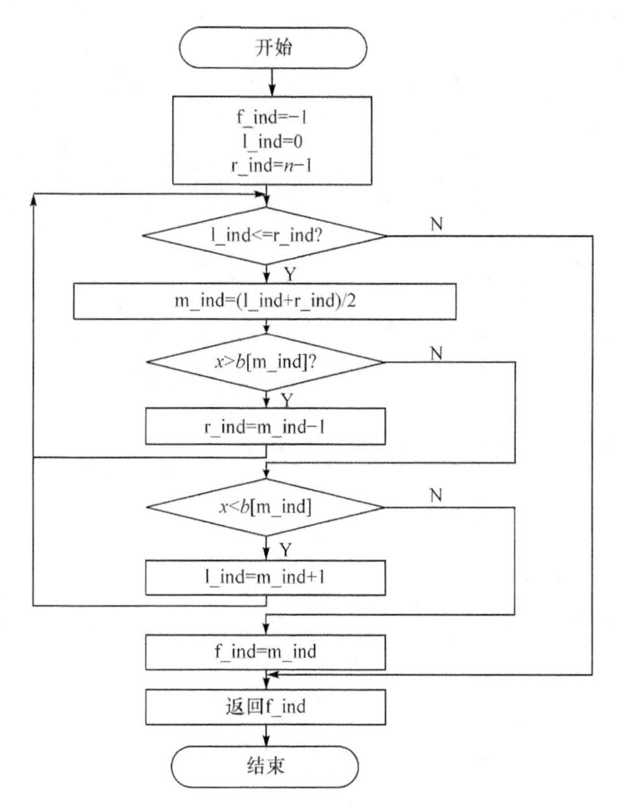

图 7-3　search 函数的算法流程图

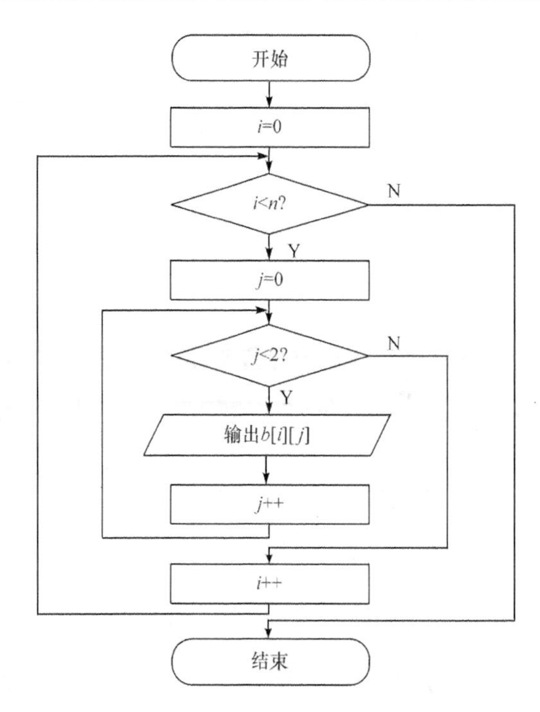

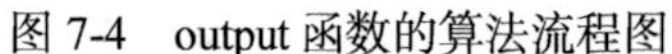
图 7-4　output 函数的算法流程图

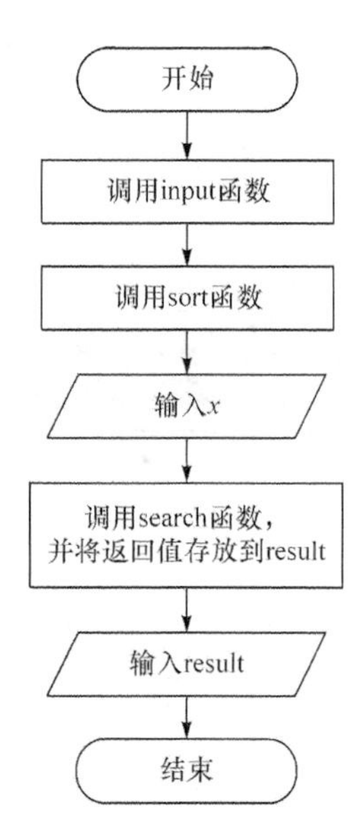

图 7-5　main 函数的算法流程图

【参考程序】

```
#include <stdio.h>
#define N 10
void input(int b[],int n);
void sort(int b[],int n);
void output(int b[],int n);
int earch(int b[],int n,int x);
int main()
{
      int a[N],result,x;
      printf("请输入%d个数:",N)
      input(a,N);
      sort(a,N);
      printf("降序排序后的数组为: ");
      output(a,N);
      printf("请输入待查找的数: ");
      scanf("%d",&x);
      result=search(a,N,x);
      printf("查找结果为: \n");
      if(result>=0)
         printf("数%d在数组中存在，其下标值为%d\n.",x,result);
      else
         printf("数%d在数组中不存在\n",x);
      return 0;
```

```
  }
  /*输入数据到形参数组 b*/
void input(int b[],int n)
{
     int i;
     for(i=0;i<n;i++)
     scanf("%d",&b[i]);
}
/*对形参数组 b 进行降序排序*/
void sort(int b[],int n)
{
     int i,j,t;
     for(i=0;i<n-1;i++)
          {
            for(j=0;j<n-1-i;j++)
               if(b[j]<b[j+1])
                     {t=b[j];b[j]=b[j+1];b[j+1]=t;}
          }
}
/*输出形参数组 b*/
void output(int b[],int n)
{
     int i;
     for(i=0;i<n;i++)
          printf("%d",b[i]);
     printf("\n");
}
/*用折半查找方法在形参数组 b 中查找 x*/
int search(int b[],int n,int x)
{
      int l_ind,r_ind,m_ind,f_ind=-1;
      l_ind=0;
      r_ind=n-1;
      while(l_ind<=r_ind)
      {
          m_ind=(l_ind +r_ind)/2;
          if(x>b[m_ind])
               r_ind=m_ind-1;
          else
               if(x<b[m_ind])
                    l_ind=m_ind+1;
               else
                    {
                    f_ind=m_ind;
                    break;
```

```
                    }
        }
        return f_ind;
}
```

7.3 拓展知识

当数组的维数大于等于 2 时，这个数组称为多维数组。多维数组中使用较多的是三维数组。以下主要介绍三维数组的定义和使用。

三维数组定义的一般格式为：

```
类型说明符 数组名[整型常量表达式 1][整型常量表达式 2][整型常量表达式 3];
```

例如，“int *a*[2][10][5];”即整型数组 *a* 可以看作由 2 个 10×5 的二维数组构成。也可以将 *a* 看成两张表格，每张表格都是 10 行 5 列。

例如，用三维数组完成两个 2×3 矩阵的相加求和。

【问题分析】这个题目可以用二维矩阵解决，即定义 3 个二维数组 a_1[2][3]，a_2[2][3]和 a_3[2][3]，将数组 a_1 和 a_2 的对应元素相加求和后存放到数组 a_3 的对应位置。此题也可以直接用三维数组 *b*[3][2][3]来解决，数组 *b* 可以看作 3 个 2×3 的矩阵，下面用三维数组编写相关程序。

【参考程序】

```
#include <stdio.h>
int main()
{
      int b[3][2][3],i,j;
      printf("请输入第 1 个 2×3 的矩阵:\n");
      for(i=0;i<2;i++)
            for(j=0;j<3;j++)
                  scanf("%d",&b[0][i][j]);
      printf("请输入第 2 个 2×3 的矩阵:\n");
      for(i=0;i<2;i++)
            for(j=0;j<3;j++)
                  scanf("%d",&b[1][i][j]);
      for(i=0;i<2;i++)
            for(j=0;j<3;j++)
                  b[2][i][j]= b[0][i][j]+b[1][i][j];
      printf("求和结果:\n");
      for(i=0;i<2;i++)
            {
                  for(j=0;j<3;j++)
                      printf("%d\t",b[2][i][j]);
                  printf("\n");
```

```
        }
    return 0;
}
```

本章习题

一、选择题

1. 若有数组定义语句“int *b*[8];”，则对 *b* 中数组元素正确引用的是(　　)。

A. *b*[8]　　B. *b*[8.5]　　C. *b*[8-8]　　D. *b*(4)

2. 以下对一维数组 *b* 进行正确初始化的是(　　)。

A. int *b*[8]=(0,0,2);　　B. int *b*[8]={ };　　C. double *b*[ ]=0;　　D. int *b*[8]={8*3};

3. 假设 int 类型变量占用 4 字节，若定义“int *m*[8]={5,4,3};”，则数组 *m* 在内存中所占的字节数是(　　)。

A. 6　　B. 18　　C. 32　　D. 36

4. 以下各选项中，定义二维实型数组 *n* 均正确的选项为(　　)。

A. double *n*[4][5];
double *n*[ ][5];
double *n*[4][]={{2},{6}};

B. double *n*(4,5);
double *n*[4][5];
double *n*[][]={{2},{3}};

C. double *n*[4][5];
double *n*[ ][5]={0};
double *n*[][5]={{2},{2},{2}};

D. double *n*[4][5];
double *n*[4][];
double *n*[][4];

5. 在定义“int *k*[][4]={1,2,3,4,5,6};”后，*k*[1][1]的值是(　　)。

A. 1　　B. 2　　C. 5　　D. 6

6. 下列程序(每行程序前面的数字表示行号)描述正确的是(　　)。

```
1 int main()
2 {
3       double a[3]={0};
4       int i;
5       for(i=0;i<3;i++) scanf("%lf",&a[i]);
6       for(i=0;i<4;i++) a[0]=a[0]+a[i];
7       printf("%f\n",a[0]);
8       return 0;}
```

A. 没有错误　B. 第3行有错　C. 第5行有错　D. 第6行有错

7. 有如下定义语句：

```
int i;
int arr[3][3]={9,8,3,6,9,4,7,2,1};
```

则下列语句的输出结果是(　　)。

```
for(i=0;i<3;i++) printf("%d",arr[i][2-i]);
```

A. 123　B. 147　C. 397　D. 368

8. 若有数组定义“char *s*[]="china";”，则数组 *s* 所占的空间为(　　)。

A. 4字节　B. 6字节　C. 8字节　D. 10字节

9. 下列不能把字符串"hello"赋给数组 *s* 的语句是(　　)。

A. char *s*[10]={'h','e','l','l','o'};　B. char *s*[10];*s*="hello";

C. char *s*[10];strcpy(*s*,"hello");　D. char *s*[10]="hello";

10. 判断两个字符 s_1 和 s_2 是否相等，正确的表达式为(　　)。

A. while(s_1=s_2)　B. while(s_1==s_2)

C. while(strcmp(s_1,s_2)==0)　D. while(strcmp(s_1,s_2)=0)

二、填空题

1. 若二维数组 *a* 有 *m* 列，则计算数组元素 *a*[*i*][*j*]在数组中位置的公式为__________。

2. 执行下列程序段后其输出结果为__________。

```
char s[]="df\\\t\012\n\"";
printf("%d",strlen(s));
```

3. 以下程序运行后，其结果为__________。

```
#include <stdio.h>
int main()
{
     char s[3][5]={"HHHH","JJJ","KK"};
     printf("\"%s\"\n",s[2]);
     return 0;
}
```

4. 以下程序的功能是输出3×3矩阵中的最大元素值及其所在的行号和列号。请在空缺处填上合适的语句。

```
#include <stdio.h>
int main()
{
     int i,j,raw,col,max;
     int a[3][3]={{10, 20, 30}, {20, 70, -30}, {15, 2, 6}};
```

```
    max=a[0][0];raw=0;col=0;
    for(i=0;i<3;i++)
        for(j=0;____①____;j++)
            if(____②____)
                {____③____}
    printf("%d,%d,%d\n",max,raw,col);
    return 0;
}
```

5. 若有以下数组定义和函数调用语句，则函数f的形参b定义为__________。

```
int a[4][5]={0,2,4,6,8};
f(a);
```

6. 给定程序的功能是将数组a中的n个数和数组b中逆序的n个数一一对应相加，并求平方和，结果存入数组c中，请在空缺处填上合适的语句。

```
#include <stdio.h>
void f(int a[],int b[],int c[],int n)
{
    int i;
    for(i=0;i<n;i++)
        ____①____=(a[]+b[n-1-i])*(a[i]+b[n-1-i]);
}
int main()
{
    int i,x[10]={1,3,5,7,9},y[10]={2,4,6,8,10},z[10];
    f(②,5);
    printf("The result is:");
    for(i=0;i<5;i++)
        printf("%d ",____③____);
    printf("\n");
    return 0;
}
```

7. 下列函数f的功能是统计字符串s中所有小写字母的个数。请在空缺处填上合适的语句。

```
int f(char s[])
{
    int i,____①____;
    for(i=0;____②____;i++)
        ____③____
            count++;
    return____④____;
}
```

三、编程题

1. 输入 8 名学生某门课程的成绩，计算该课程 8 名学生的平均分，并输出高于平均分的成绩。

2. 输入若干个整数，整数由符号常量控制，并按降序输出这若干个数据。

3. 定义一个 3×3 的矩阵，并对其赋初值，然后计算该矩阵两条对角线上元素的和，且输出其和。

4. 编写一个求 $2 \times M$ 整型二维数组中最大元素的值的程序，并将其输出。

5. 输入一个字符串，将其内容逆置输出。例如，字符串中原有的字符串为 abcdefg，则程序运行后其结果为 gfedcba。

6. 输入 10 个英文单词，按字典顺序输出这 10 个单词。

第 8 章　编译预处理

【本章内容】

(1) 不带参数的宏的定义与调用。

(2) 带参数的宏的定义与调用。

(3) 文件包含的概念与使用方法。

(4) 条件编译命令的格式与使用方法。

【重点难点】

(1) 理解预处理的概念。(重点)

(2) 掌握不带参数的宏与带参数的宏的定义与调用。(重点)

(3) 掌握宏替换。(重点、难点)

(4) 理解并掌握文件包含的使用方法。(重点、难点)

(5) 理解并掌握条件编译的使用方法。(难点)

8.1　知识点解析

8.1.1　预处理的概念

预处理是指在对源程序编译前，先对源程序中的预处理命令部分进行处理，处理后的代码再进行编译。

8.1.2　宏替换

预处理器对程序中宏的处理就是用字符串替换宏名，这个过程称为宏展开。读者在模拟宏展开操作时，需要注意以下两点。

(1) 宏展开时完成的操作仅仅是将宏名替换为字符串。特别是带参数的宏替换，也仅仅是用字符串替换宏名，与函数调用时的参数传值操作不一样。

(2) 宏展开时必须将所有的宏都替换完成后，才能进行运算，不能一边替换一边计算，替换过程中不能擅自修改字符串。

8.1.3　宏定义的几点说明

(1) 宏定义多在程序开头处。

(2) 宏定义结束时不需加分号，因为此处分号被认为是字符串中的一个符号。

(3) 宏名大多用大写字母。

(4) 程序中若宏名用双引号括起来，则预处理时不会进行宏替换。

(5) 宏展开时仅仅是字符串替换，系统不会进行语法检查。

(6) 宏定义允许嵌套，即宏的字符串中含有其他宏名。

8.1.4 宏定义的优点

1. 便于程序修改

在程序设计中如果需要经常使用常量，可以使用宏定义方式。例如，圆周率的表示，用“#define PI 3.14”这样的宏定义方式，便于在将该常量改变为其他值如 3.141593 时，不用对整个程序进行多处值修改，而只需修改宏定义的字符串即可。当常量比较长时，编写程序时可以使用较短的有意义的标识符即宏名，这样更为方便些。

2. 提高程序效率

使用带参数的宏定义可完成函数调用的功能，但与函数调用相比系统开销较少，从而运行效率较高。因为程序在执行函数调用时，需要保留调用函数的现场，以便子函数执行结束后能返回调用处继续执行，并且在子函数执行完后需要恢复调用函数的现场，这些都增加了系统开销。若子函数功能较为简单，可以考虑使用宏定义。因为宏是在预处理阶段进行宏展开的，在执行时不需要转换，所以系统开销较少。但是，请注意宏定义只可完成简单的操作，复杂的操作仍然需要通过函数调用来完成，因为宏定义所占用的目标代码空间相对较大，效率较低。

8.1.5 宏的使用

使用宏进行编程时，需注意宏定义的字符串中小括号的使用，这些小括号体现了优先级。

(1) 定义无参宏时，字符串中的符号通过加括号体现优先级。

例如：

```
#define N 5+x
#define M (N)*(N)
```

(2) 定义带参宏时，字符串中的每个参数都要加上小括号，整个字符串也需用小括号括起来，同样是为了体现优先级。

例如：

```
#define N 5+x
#define f(x) ((x)*(N))
```

8.1.6 文件包含

文件包含命令的格式如下：

```
#include <文件名>
```

或者

```
#include "文件名"
```

文件包含命令结束时不需要加分号。在预处理阶段，文件包含命令会由指定的文件内容进行替换。如果文件名是用尖括号括起来的，则系统在默认的包含目录中查找该文件；如果文件名是用双引号括起来的，则系统先在源程序所在的目录中查找该文件，若未找到，再到默认的包含目录中查找。

8.1.7　条件编译

条件编译是根据条件决定指定的程序段是否进行编译。

条件编译有 3 种命令。

1. #if 命令

命令形式：

```
#if 常量表达式
    程序段 1
[#else
    程序段 2]
#endif
```

若常量表达式的值为非零，则编译程序段 1，否则编译程序段 2。

2. #ifdef 命令

命令形式：

```
#ifdef  标识符
    程序段 1
[#else
    程序段 2]
#endif
```

若标识符是定义的宏名，则编译程序段 1，否则编译程序段 2。

3. #ifndef 命令

命令形式：

```
#ifndef  标识符
    程序段 1
[#else
    程序段 2]
#endif
```

若标识符是未定义的宏名，则编译程序段 1，否则编译程序段 2。

8.2 案例分析

1. 宏定义

请分析以下4个程序的宏替换过程。

程序1：

```
#include <stdio.h>
#define M 5
#define N M+M
int main()
{
     int k;
     k=N*5;
     printf("%d\n",k);
     return 0;
}
```

【运行结果】

```
30
```

【解析】宏展开时进行的是字符串替换，运行时再完成计算。因此，依据宏替换规则得到 k=M+M*5=5+5*5，运行时 k=30，所以，程序运行结果为30。

程序2：

```
#include <stdio.h>
#define M 5
#define N (M+M)
int main()
{
     int k;
     k=N*5;
     printf("%d\n",k);
     return 0;
}
```

【运行结果】

```
50
```

【解析】宏展开时进行的是字符串替换，运行时再完成计算。因此，依据宏替换规则得到 k=(M+M)*5=(5+5)*5，运行时 k=50，所以，程序运行结果为50。

程序3：

```
#include <stdio.h>
#define FU(m,n) (m*n)
int main()
{
      int a=3,b=8,value;
      value=FU(a+b,a-b);
      printf("%d\n",value);
      return 0;
}
```

【运行结果】

```
19
```

【解析】宏展开时进行的是字符串替换，运行时再完成表达式的计算。因此，依据宏替换规则得到 value=(a+b*a–b)，运行时将 a=3 和 b=8 代入运算，则 value=(3+8*3–8)=19，所以，程序运行结果为 19。

程序 4：

```
#include <stdio.h>
#define FU(m,n) ((m)*(n))
int main()
{
      int a=3,b=8,value;
      value=FU(a+b,a-b);
      printf("%d\n",value);
      return 0;
}
```

【运行结果】

```
-55
```

【解析】宏展开时进行的是字符串替换，运行时再完成表达式的计算。因此，依据宏替换规则得到 value=((a+b)*(a–b))，运行时将 a=3 和 b=8 代入运算，则 value=((3+8)*(3–8))=–55，所以，程序运行结果为–55。

小结：宏替换在预处理阶段仅仅完成的是字符串替换宏名，如果是带参数的宏，还需要用实参替换字符串中的形参，这个过程仅仅是替换。当程序运行时，系统才会完成相应的计算。此外，程序 1 与程序 2、程序 3 与程序 4 比较后，请注意宏字符串中小括号体现了优先级。

2. 文件包含

文件 init.txt 中存放的是用户定义的宏，在用户源程序文件中包含文件 init.txt，请分析下列程序的运行结果。

(1) 将用户定义的宏保存在文件 init.txt 中。

```
#define HDY(A,B) ((A)/(B))
#define PRINT(X) printf("%d\n",X)
```

(2) 主程序文件 prog.cpp。

```
#include <stdio.h>
#include "init.txt"
int main()
{
     int n1=2,n2=5,n3=1,n4=3,result;
     result=HDY(n1+n2,n3+n4);
     PRINT(result);
     return 0;
}
```

【运行结果】

```
1
```

【解析】程序设计过程中，程序员可能会将多个模块中共用的数据或函数声明放在一个单独的文件中，而在编写的程序中需要使用这些数据或函数时，只需要将那个文件包含进来即可，而不必重新定义。

上述程序中，在 init.txt 中存放的是两个带参宏的定义，主程序文件中的命令行：#include "init.txt"，在预处理阶段会被 init.txt 中的内容替换。因此，程序中的宏调用展开后为：

```
result=((n1+n2)/(n3+n4));
printf("%d\n", result);
```

注意，运行时将 n_1=2、n_2=5、n_3=1 和 n_4=3 代入，则 result=7/4。而表达式“7/4”除号左右两侧都为整数，依据整数除法运算规则，商也为整数，因此 result 的值为整数 1。所以，运行后得到的结果为 1。

3. 条件编译

阅读下面的程序，分析程序的运行结果。

```
#define PRT 1
#include <stdio.h>
int main()
{
     int n1=3,n2=25,i;
#if PRT
     for(i=n1; i<=n2; i++)
          if(i%2!=0)
               printf("%d ",i);
#else
```

```
    for(i=n1; i<=n2; i++)
        if(i%2==0)
            printf("%d ",i);
#endif
    printf("\n");
    return 0;
}
```

【运行结果】

```
3 5 7 9 11 13 15 17 19 21 23 25
```

【解析】程序是对于给定范围的数，有两种功能程序段可供进行编译选择：一种输出该范围的所有奇数，另一种输出该范围的所有偶数，要求程序根据宏 PRT 的值决定输出的内容。若 PRT 值为 1，则输出奇数；若 PRT 值为 0，则输出偶数。

该程序中定义的宏 PRT 代表 1，在预处理过程中因为 PRT 的值不是 0，所以编译的程序段是输出 n_1～n_2 范围内的奇数，运行输出结果为 3 5 7 9 11 13 15 17 19 21 23 25。

如果程序中的第一行宏定义改为：#define PRT 0，在预处理过程中因为 PRT 的值为 0，所以编译的程序段则是输出 n_1～n_2 范围内的偶数，运行输出结果为 4 6 8 10 12 14 16 18 20 22 24。

8.3　拓 展 知 识

8.3.1　C 语言源程序的编译处理过程

C 语言源程序在编译过程中经历 4 个步骤：预处理、编译、汇编和连接，如图 8-1 所示。

源程序经过预处理器如文件包含、宏替换等处理后，得到新的源程序文件，再经过编译器的编译处理生成汇编代码文件，然后经过汇编过程生成目标文件，最后由连接器将目标文件和所需的库文件连接，生成可执行文件(.exe 文件)。

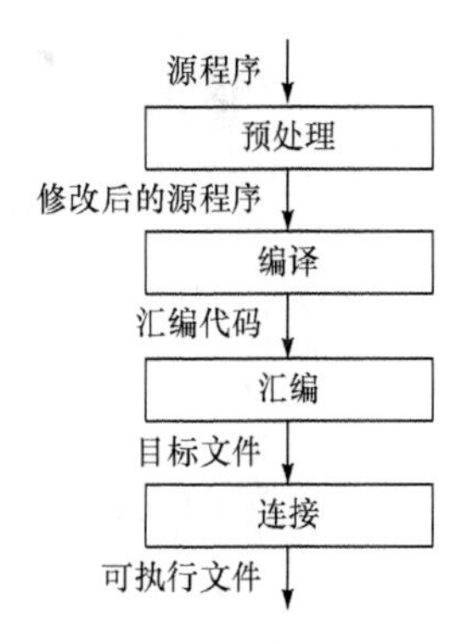

图 8-1　C 语言源程序的编译处理过程

8.3.2　预处理命令：#pragma once

#pragma once 是用于头文件中的预处理命令，该命令可以确保这个头文件只被编译一次。当然也可以使用#ifndef、#define、#endif 避免多次编译。例如，以下程序代码：

```
/*myfile.h*/
int N=3;
/*egtz1.cpp*/
#include <stdio.h>
#include "myfile.h"
#include "myfile.h"
int main()
```

```
{
    printf("%d\n",N);
    return 0;
}
```

此程序在编译时报错，因为在预处理结束后，两处“#include "myfile.h"”都会被替换为“int *N*=3;”，在编译时会认为变量 *N* 重定义，所以编译报错。那么，我们希望在 egtz1.cpp 中尽管有两条“#include "myfile.h"”命令，但是 myfile.h 只编译一次，因此修改 myfile.h 文件为：

```
/*myfile.h*/
#pragma once
int N=3;
```

此时对源程序 egtz1.cpp 编译成功，其运行结果为：

```
3
```

本 章 习 题

一、选择题

1. 下列叙述中正确的是(　　)。

A. 宏名可以用大写字母表示，也可以用小写字母表示

B. 预处理命令行必须位于源文件的开头

C. 宏替换占用程序的运行时间

D. 在源文件的一行上可以有多条预处理命令

2. 若程序中有宏定义行：#define *N* 100，则以下叙述中正确的是(　　)。

A. 宏定义行中定义了标识符 *N* 的值为整数 100

B. 在编译程序对 C 源程序进行预处理时用 100 替换标识符 *N*

C. 对 C 源程序进行编译时用 100 替换标识符 *N*

D. 在运行时用 100 替换标识符 *N*

3. 以下叙述中正确的是(　　)。

A. 预处理命令行必须位于程序的开始位置

B. 预处理命令都以“#”开头

C. 条件编译与 if-else 语句是一样的

D. 文件包含不是预处理命令

4. 在“文件包含”预处理语句的使用形式中，当#include 后面的文件名用尖括号< >括起时，寻找被包含文件的方式是(　　)。

A. 仅搜索当前目录

B. 仅搜索源程序所在目录

C. 先在源程序所在目录搜索，若没找到，再搜索系统的标准目录

D. 仅在标准目录下查找指定文件

5. 下面是对宏定义的描述，不正确的是(　　)。

A. 宏不存在类型问题，宏名无类型，它的参数也无类型

B. 宏替换不占用运行时间

C. 宏替换时先求出实参表达式的值，然后代入形参运算求值

D. 宏替换只不过是字符替代而已

二、填空题

1. C 语言中提前解除宏定义作用的宏命令是__________。

2. 请将以下程序代码补充完整，以保证程序能正常运行。

```
#include <stdio.h>
__________________
int main()
{
      double x=6;
      printf("%.2f\n",sqrt(x));
      return 0;
}
```

3. 以下程序的运行结果是__________。

```
#define M(x,y) x*y
#include <stdio.h>
int main()
{
      int a=2,b=4,c=5;
      printf("%d\n",M(a+b,b-c));
      return 0;
}
```

4. C 语言提供的预处理功能包括条件编译，其基本形式是：

```
#XXX  标识符
  程序段 1
#else
  程序段 2
#endif
```

这里 XXX 可以是__________。

三、编程题

1. 编写程序，要求用宏实现多项式 $3x^2+5x+8$ 的计算，x 的值由用户从键盘输入。

2. 编写程序，要求用宏实现求两个数的最小值，这两个数是从键盘输入的。

第 9 章　指　　针

【本章内容】

(1) 理解指针的概念。

(2) 理解变量指针和指针变量的概念、掌握指针变量定义及存储空间的两种访问方式。

(3) 理解数组名与数组存储空间的关系、掌握通过指针方式访问数组元素的方法。

(4) 掌握字符串的数组处理与指针处理方式的异同。

(5) 理解函数指针和指针函数的概念，掌握通过函数指针调用函数的方法。

【重点难点】

(1) 指针的概念。(重点)

(2) 指针变量的定义及指针运算。(重点)

(3) 数组指针及指针数组。(难点)

(4) 字符串的指针存储实现。(重点)

(5) 指针函数、指针作为函数参数。(重点)

9.1　知识点解析

9.1.1　指针的概念

C 语言中把一个变量在内存中所占用的存储空间的地址称为该变量的指针。

9.1.2　指针变量的定义及使用

某种类型的变量的指针只能用相应类型的指针变量来存储，定义指针变量的语句格式为：

```
类型名 *变量名[,…];
```

例如，定义一个 int 型的指针变量 ptr 的语句为：

```
int *ptr;
```

这样，int 型指针变量 ptr 可以用来存储 int 型变量的指针(即地址)。如有定义语句：

```
int m;
```

则把 *m* 的指针赋值给 ptr 的语句为：

```
ptr=&m;
```

这时可以说 ptr 指向了变量 *m*。

当指针变量 ptr 指向了变量 *m* 后，对 *m* 的访问既可以通过 *m* 直接访问，也可以通过 ptr 间接访问，如语句：

```
m=5;
```

和语句

```
*ptr=5;
```

功能相同，都是实现把 5 保存到变量 *m* 对应的存储空间中，只是前者是直接访问，后者是间接访问。

9.1.3　数组指针及指针数组

数组是多个相同类型的数据集合，因此在内存中要占据一片连续的存储空间来存储多个数据，该连续存储空间的起始地址即数组基地址，又称为数组指针。

而指针数组是指由多个相同类型变量的指针构成的数组，即每个数组元素都是用来保存指针的数组。例如：

```
int *parr[4];
```

则 parr 就是一个指针数组，有 4 个元素，能够保存 4 个 int 型变量的地址。

9.1.4　字符串的指针存储实现

C 语言中只有字符类型，没有字符串类型，当数据是字符串时，可以通过字符数组或字符指针来实现存储和处理。例如，要存储中国的英文名称 China，既可以用字符数组方式：

```
char State[]="China";
```

也可以用字符指针方式：

```
char *pState="China";
```

只是要注意，数组名 State 是指针常量，而字符指针 pState 是指针变量。

9.1.5　函数指针及指针函数

程序执行时函数代码在内存中占用的连续存储空间的起始地址称为函数入口地址，又称为函数指针。而函数返回值为指针的函数称为指针函数。

既然函数也有指针，那么也就可以定义指向函数的指针变量来保存函数的指针，例如：

```
int (*pmax)(int x,int y);
```

语句定义了一个函数指针变量 pmax，该指针变量可以保存函数 int max(int *x*,int *y*) {…}的指针，只需通过语句：

```
pmax=max;
```

即可。一旦指针变量 pmax 指向了函数 max，则调用 max 函数既可以直接用函数名 max 调用也可以用指针变量 pmax 间接调用，分别为语句：

```
x=max(2,3);
```

和语句

```
x=pmax(2,3);
```

两个语句都能够实现调用函数 max 求 2 和 3 中较大的值,并把较大的那个数返回给变量 x。

9.2 案例分析

1. 分析下面程序的输出结果。

```
#include <stdio.h>
int main()
{
1:    int t[]={10, 20, 30};
2:    int *ipx=t;
3:    printf("%d,", ++*ipx);
4:    printf("%d,", *ipx);
5:    ipx=t;
6:    printf("%d,", (*ipx)++);
7:    printf("%d,", *ipx);
8:    ipx=t;
9:    printf("%d,", *ipx++);
10:   printf("%d,", *ipx);
11:   ipx=t;
12:   printf("%d,", *++ipx);
13:   printf("%d\n", *ipx);
14:   return 0;
}
```

答案：11,11,11,12,12,20,20,20

【**解析**】首先需要说明的是，为了后面介绍方便，这里给 main 函数中的语句加了编号，这些编号在程序编辑时是不需要的。该例主要是考查通过指针来引用数组元素，实现对数组元素内容的输出或修改。

程序中，语句 2 定义指针变量 ipx 并使该指针指向语句 1 定义的数组 t 的元素 t[0]；语句 3 的功能是把数组元素 t[0]先加 1 再输出，输出的值为 11，同时把数组元素 t[0]的值改为 11；

语句 4 的功能就是输出 *t*[0]的当前值 11；语句 5 还是让 ipx 指向 *t*[0]；语句 6 的功能是先输出 *t*[0]的当前值 11 后再把 *t*[0]加 1，因此 *t*[0]的值已经为 12；语句 7 的功能还是输出 *t*[0]的现有值为 12；语句 8 再让指针 ipx 指向 *t*[0]；语句 9 的功能是先输出 ipx 指向的 *t*[0]的值 12 后把 ipx 指针加 1，这样 ipx 已经指向数组元素 *t*[1]；语句 10 的功能就是输出 *t*[1]的值 20；语句 11 再让指针 ipx 指向 *t*[0]；语句 12 的功能是先把指针 ipx 加 1 指向 *t*[1]后输出 *t*[1]的值 20；语句 13 的功能就是输出 *t*[1]的值 20。综上所述，该程序执行结果为：

```
11,11,11,12,12,20,20,20
```

2. 下面所给程序的功能是实现两个等长整型一维数组对应元素的交换，要求每一对对应元素的交换必须通过调用实现两整数交换的函数来实现。

```
#include "stdio.h"
void swap(int r,int s)//swap 函数实现两整数 r 和 s 的交换
{
     int t;
     t=r;
     r=s;
     s=t;
}
int main()
{
     int i,a[5]={20,40,60,80,100},b[5]={10,30,50,70,90};
     for(i=0;i<5;i++)          //分别调用 swap 交换数组 a 和数组 b 的对应元素值
          swap(a[i],b[i]);
     for(i=0;i<5;i++)          //输出交换后的数组 a 的内容
          printf("%d ",a[i]);
     printf("\n");
     for(i=0;i<5;i++)          //输出交换后的数组 b 的内容
          printf("%d ",b[i]);
     printf("\n");
     return 0;
}
```

答案：20 40 60 80 100

10 30 50 70 90

【解析】从程序的输出结果看，数组 *a* 和数组 *b* 的对应元素值并没有交换成功。究其原因，主要是函数的参数传递方式不合适。C 语言中函数的参数传递方式有传值和传地址两类，如果调用函数时参数传递使用传值方式，则在被调用函数中对形参的修改不会影响实参的内容，而如果使用传地址方式，则在被调用函数中对形参的使用其实就是通过指针对实参的间接访问，所以实参的值会随着形参的间接访问而改变。

因此，本例中希望通过调用 swap 函数实现数组 *a* 和数组 *b* 一对对应元素值的交换，就必

须使用传地址方式进行形参和实参的结合，所以在定义 swap 函数时，形参必须是指针类型变量，调用 swap 时传递的不是数组元素 *a*[*i*]和 *b*[*i*]的值，传递的是它们的地址&*a*[*i*]和&*b*[*i*]，即实参也必须是指针。

综上所述，可以修改所给的程序如下：

```
#include "stdio.h"
void swap(int *r,int *r)//swap 函数实现交换 r、s 指针指向的两个整数
{
    int t;
    t=*r;
    *r=*s;
    *s=t;
}
int main()
{
    int i,a[5]={20,40,60,80,100},b[5]={10,30,50,70,90};
    for(i=0;i<5;i++)          //分别调用 swap 交换数组 a 和数组 b 的对应元素值
        swap(&a[i],&b[i]);
    for(i=0;i<5;i++)          //输出交换后的数组 a 的内容
        printf("%d ",a[i]);
    printf("\n");
    for(i=0;i<5;i++)          //输出交换后的数组 b 的内容
        printf("%d ",b[i]);
    printf("\n");
    return 0;
}
```

答案：10 30 50 70 90

　　　20 40 60 80 100

可见，数组 *a* 和数组 *b* 的对应元素的值确实实现了交换。

3. 编写程序，定义一个求两个字符串中较小字符串的函数 strmin，要求函数返回较小字符串的指针，然后输出该字符串。

【问题分析】C 语言中有比较两字符串大小的库函数，但返回值是数值，通过返回的数值是 1、0 或–1 来判断哪个字符串大。如果希望通过函数来判定两个字符串的大小并能返回较小的字符串，需要自己定义函数，这里不妨把这样的函数命名为 strmin。

在 strmin 函数的声明中，形参是两个字符串，可以通过字符指针表示，也可以通过字符数组表示，该函数实现时可以直接调用库函数 strcmp 判定两个字符串的大小，然后把较小字符串的指针作为函数值返回主函数即可。有了 strmin 函数，主函数 main 中只需定义两个字符串并初始化，然后用这两个字符串的指针作为实参调用 strmin 函数，就能获得较小字符串的指针并赋值给一个字符指针变量，即让字符指针变量指向较小的字符串，然后通过该指针变量就能输出较小字符串。

【流程图】strmin 函数及 main 函数的算法描述如图 9-1 和图 9-2 所示。

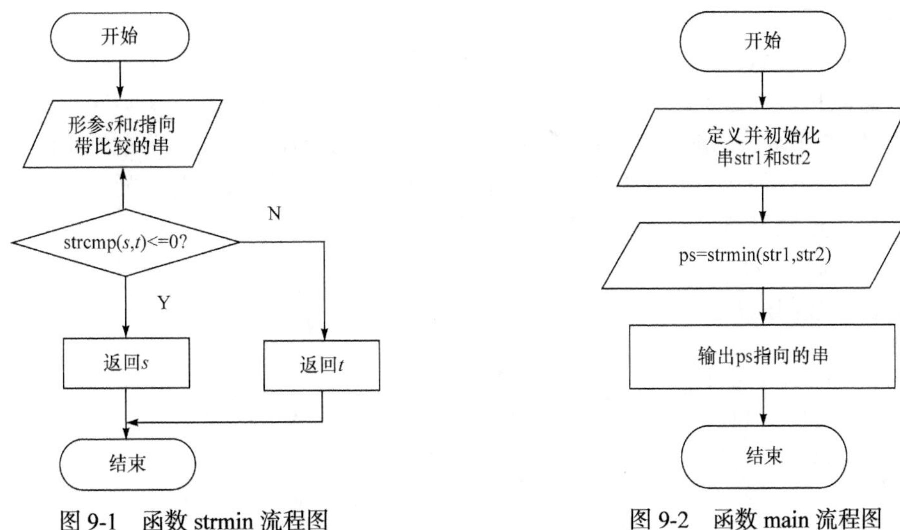

图 9-1　函数 strmin 流程图　　图 9-2　函数 main 流程图

【参考程序】

```
#include "stdio.h"
#include "string.h"
char *strmin(char *s,char *t)
{
     if(strcmp(s,t)<=0)//串 s 不大于串 t 则返回串 s 的指针
          return s;
     else                 //否则返回串 t 的指针
          return t;
}
int main()
{
     char *ps;
     char *str1="China";     //定义字符串一
     char str2[]="America"; //定义字符串二
     ps=strmin(str1,str2);  //ps 指向较小字符串
     printf("%s\n",ps);     //输出 ps 指向的字符串
     return 0;
}
```

【运行结果】

```
America
```

9.3 拓 展 知 识

指针变量定义后，系统只为指针变量本身分配了内存空间，但该空间在没有被赋值前，里面保存的地址是一个不确定的空间的地址，即指针变量在赋值前是随机指向某个内存空间的，所以这时不能直接对指针变量指向的空间进行赋值，因为它指向的空间有可能是其他程

序甚至是系统程序的运行空间，对其他程序的空间进行赋值会破坏相应程序的数据，这是系统不允许发生的，所以系统会给出非法访问的错误警告。

定义指针变量后，首先应该对指针变量进行初始化，即让指针变量指向它所在程序的确定空间，这既可以通过把一个已经定义的变量的指针赋值给指针变量来实现，也可以通过调用 C 语言标准库函数中的内存分配函数来实现，而且用内存分配函数分配的空间也可以通过内存释放函数进行释放再归还给系统，这就是所谓的内存空间的动态分配。前一种方法书中已经介绍过，这里只简单介绍通过内存分配函数对指针变量进行初始化的方法。

例如，下面的程序先定义一个 int 型指针变量，通过内存分配函数对其初始化，用过后再用内存释放函数归还其指向的空间。

```
#include "stdio.h"
#include "stdlib.h"
int main()
{
     int *ptr;
     //申请分配 4 字节空间并把地址赋给 ptr
     ptr=(int *)malloc(sizeof(int));
     scanf("%d",ptr);        //给 ptr 指向的空间输入赋值
     printf("\n%d\n",*ptr);//输出 ptr 指向的空间中的值
     free(ptr);              //释放 ptr 指向的空间，归还给系统
     return 0;
}
```

内存分配函数 malloc 和释放函数 free 的声明在头文件 stdlib.h 中，所以程序中要使用这些函数，首先要把相应的头文件包含进来。malloc 函数的参数用来说明需要分配的空间大小即字节数，该例中参数 sizeof(int)表示一个 int 型数占用的字节数(在 VS 2010 编译环境下为 4 字节)，malloc 函数返回的是系统分配的内存空间的地址，这个地址系统默认的基类型是 void 型或 char 型，因此在程序中要根据实际情况转换成自己需要的类型。

该例中语句“ptr=(int *)malloc(sizeof(int));”用来分配 4 字节的空间，并把空间的地址通过(int *)强制转换为 int 型指针赋值给 int 型指针变量 ptr，即 ptr 指向了系统分配的空间，所以程序中可以对 ptr 指向的空间进行输入赋值并输出空间中的值，这个空间用过后程序调用了内存释放函数 free 把 ptr 指向的空间释放归还给系统，这样，当有其他程序提出空间申请时，系统可以把收回的空间再分配给其他的程序。

本 章 习 题

一、选择题

1. 变量 a 的指针是变量 a 的(　　)。

A. 值　　B. 地址　　C. 名　　D. 类型

2. 若有语句“int *ip,x=4;ip=&x;”，下面均代表地址的一组是(　　)。

A. x,ip,*&x　　B. &*x,&x,*ip　　C. *&ip,*ip,&x　　D. &x,&*ip,ip

3. 若有说明“int *ip,m;”，以下正确的程序段是(　　)。

A. ip=&*m*;
   scanf("%d",&ip);

B. ip=&*m*;
   scanf("%d",*ip);

C. scanf("%d",*m*);
   *ip=*m*;

D. ip=&*m*;
   scanf("%d",ip);

4. 有以下程序：

```
#include<stdio.h>
int main()
{     int a=20,b=10,*p=&a,*q=&b,*r;
      r=p;p=q;q=r;
      printf("%d,%d,%d,%d\n",a,b,*p,*q);
      return 0;
}
```

程序运行后的输出结果是(　　)。

A. 20，10，10，20　　B. 20，10，20，10

C. 10，20，10，20　　D. 10，20，20，10

5. 若有以下定义，则对 Score 数组的元素引用正确的是(　　)。

```
int Score[5],*ip=Score;
```

A. *&Score[5]　　B. Score+2　　C. *(ip+5)　　D. ip[2]

6. 设已有定义“int Score[10]={60},*ip;”，下列语句中正确的是(　　)。

A. for(ip=Score; Score<(ip+10); Score++)printf("%d",*ip);

B. for(ip=Score;ip<(Score+10); ip++)printf(" %d",*ip);

C. for(ip=Score; Score=Score+10;ip<Score;ip++)printf(" %d",*ip);

D. for(ip= Score; Score<ip+10; ++Score)printf(" %d",*ip);

7. 若有定义“int Score[5][6];”,则对 Score 数组的第 *i* 行第 *j* 列元素地址的正确表示是(　　)。

A. *(Score[*i*]+*j*)　　B. *Score[*i*][*j*]　　C. Score+*i*+*j*　　D. Score[*i*]+*j*

8. 有以下定义：

```
char str[10],*cp=str;
```

不能给数组 str 输入字符串的语句是(　　)。

A. gets(str);　　B. gets(str[0]);　　C. gets(&str[0]);　　D. gets(cp);

9. 以下程序段中，不能正确赋字符串(编译时系统会提示错误)的是(　　)。

A. char str[ ]="xyz";　　B. char *t*[ ]="xyz",*cp=*t*;

C. char str[8];str="xyz";　　D. char str[8];strcpy(str,"xyz");

10. 有以下程序：

```
#include "stdio.h"
int main()
{
      char str1[]="programming",str2[]="language";
```

```
        char *cp1,*cp2;
        int i;
        cp1=str1;cp2=str2;
        for(i=0;i<7;i++,cp1++,cp2++)
          if(*cp1!=*cp2)
              printf("%c",*cp1);
        return 0;
    }
```

输出结果是(　　)。

A. prorm　　B. lanug　　C. gm　　D. ga

11. 若有函数 max(*a*,*b*)，并且已经让函数指针变量 fp 指向了函数 max，则下面通过 fp 调用 max 函数的语句，正确的是(　　)。

A. (*fp) max(2,3);　　B. *fp(2,3);　　C. (*fp)(2,3);　　D. fp(2,3);

12. 当用一维字符数组来存储单个字符串时，系统会自动在串的最后面加一个标识符，以表示字符串内容到此结束，但标识符本身并不是字符串的有效内容。若有定义语句：

```
char str[]="C Language";
```

则数组 str 的长度、字符串" C Language "的长度及结束标识符的描述正确的是(　　)。

A. str 数组长度为 10，" C Language"字符串长度为 10，标识符为'\0'

B. str 数组长度为 10，" C Language"字符串长度为 11，标识符为'\0'

C. str 数组长度为 11，" C Language"字符串长度为 10，标识符为'\0'

D. str 数组长度为 11，" C Language"字符串长度为 11，标识符为'\0'

13. 有如下程序段：

```
int age[]={10,20,30},*ip=age;
++*ip;
printf("%d",age[0]);
```

则执行上述程序段后输出结果为(　　)。

A. 10　　B. 20　　C. 11　　D. 21

14. 下面程序的运行结果是(　　)。

```
#include  <stdio.h>
#include  <string.h>
int main()
{    char *s1="Apple";
     char *s2="Orange";
     s1+=2;s2+=2;
     printf("%d\n",strcmp(s1,s2));
     return 0;
}
```

A. 正数　　B. 负数　　C. 零　　D. 不确定的值

二、填空题

1. 有如下语句"int x=10, y,*ip;ip=&x;"，如果希望把变量 x 的值赋给变量 y，则有两种方式,第一种方式是直接访问 x 的方式___①___;另一种方式是间接访问 x 的方式___②___。

2. 有如下定义及语句：

```
int r,*ip;ip=&r;
```

则通过 scanf 函数对变量 r 输入赋值，正确的语句有：

scanf(" %d", ___①___); 和 scanf(" %d", ___②___);

通过 printf 函数输出变量 r 的值，正确的语句有：

printf(" %d", ___③___); 和 printf(" %d", ___④___);

3. 字符串指针是指______。

4. 关于指针的运算符有"&"和"*"，运算符"&"的功能是___①___；运算符"*"的功能是___②___。

5. 有如下两个语句：

```
(1)int a=15,*ip;ip=&a;
(2)*ip=4;
```

在语句(1)中*ip 表示___①___；在语句(2)中*ip 表示___②___。

6. 变量指针是指___①___；指针变量是指___②___。

7. 函数指针是指___①___；指针函数是指___②___。

8. 有如下定义及语句：

```
int Score[5]={60,70,80,90,95},*ip=Score;
```

假设一个整型数据在内存中占用 2 字节空间，并且数组 Score 的基地址是 1000H，则 ip 中的值等于___①___；*ip 的值等于___②___；再执行"ip=ip+2;"语句之后，ip 中的值等于___③___；*ip 的值等于___④___。

9. 数组指针是指___①___；指针数组是指___②___。

10. 有如下定义及语句：

```
int Matrix[3][4],*ip;
```

通过语句"ip=Matrix;"可以把数组 Matrix 的基地址赋值给 ip 吗？___①___；要是不可以，那么原因是___②___；请给出一个语句___③___，把数组 Matrix 基地址赋值给 ip 变量。

11. 当需要在被调用函数中对形参值的改变能够影响实参值时，参数传递方式可以采用传___①___方式；当需要通过调用一个函数带回多个值给主调函数时，除了使用非局部变量，也可以采用___②___作为参数。

12. 有如下程序：

```
#include "stdio.h"
```

```
void Output_value(int *ip)
{
   printf("%d",*ip++);
   printf("%d",*ip);
}
int main()
{
   int b[ ]={10,30,55,70};
   Output_value(b);
   return 0;
}
```

运行该程序，输出结果为：____________。

13. 有以下程序：

```
#include "stdio.h"
int main()
{
   int x=10, y=30, z=50;
   int *px=&x, *py=&y, *pz=&z;
   *pz=*px**py;
   printf("%d",z);
   return 0;
}
```

运行该程序，输出结果为：____________。

14. 一个函数的某形参为数组时，该形参实质上就是一个____①____变量，当调用该函数进行实参数组与形参数组结合时，实质上就是让形参的____②____指向实参数组的基地址，使形参数组和实参数组共用存储空间。

15. 有如下程序：

```
#include "stdio.h"
int main()
{
   int m[10]={10,20,30,40,50,60,70,80,90,100},*ip=&m[3],n;
   n=ip[5];
   printf("%d",n);
   return 0;
}
```

运行该程序，输出结果为：____________。

三、编程题

1. 编写程序，定义长度为 10 的整型一维数组 arr 并初始化为 1～10 的整数，设置两个指针变量 *h* 和 *r* 分别指向数组的首尾元素，然后通过指针方式访问元素实现数组的倒置。

2. 编写程序，要求主函数调用一个能带回多个值的统计函数 strcount，统计输入的一个字符串中字母字符、数字字符、空格及其他字符的个数，各种字符个数的带回不允许使用全局量。

3. 编写程序，定义一个单精度型变量和一个单精度型指针变量，让指针变量指向单精度型变量，然后通过指针变量对单精度型变量进行输入赋值，最后通过指针变量输出单精度型变量的值。

4. 编写程序，主函数先调用一个排序函数 Sort 对有若干个成绩的成绩数组进行从低到高排序，然后调用一个查找函数 Find 从有序的成绩数组中查找最后一个不高于指定成绩的元素的地址，并返回这个地址，主函数中输出该地址前面(含该地址)的所有成绩。

5. 编写程序，要求用指针访问字符串中的每个字符，统计输入的字符串的长度(注：不允许使用库函数 strlen)并输出。

6. 编写程序，将从串长为 1 的字符串的指定位置开始到结束的全部字符复制到另一个字符串中，要求复制必须使用库函数 strcpy。

7. 编写程序，定义一个 n 行 n 列的二维数组保存一个 n 阶矩阵，要求通过下标法访问数组元素完成矩阵的输入初始化，再用指针法访问数组元素完成矩阵的输出，最后以下标法和指针法混合方式访问数组元素完成矩阵的转置并输出转置后的矩阵。

第 10 章　结构体和共用体

【本章内容】

(1) 结构体类型的声明、结构体变量、结构体数组的定义及使用方法。

(2) 共用体类型的声明、共用体变量的定义及使用方法。

(3) 枚举类型的声明、枚举变量定义及使用方法。

(4) 用 typedef 自定义类型名。

【重点难点】

(1) 结构体、共用体和枚举类型的定义。(重点)

(2) 结构体变量、结构体数组的使用方法。(重点、难点)

(3) 结构体、共用体的共同点和不同点。(难点)

(4) 结构体的熟练运用。(重点、难点)

10.1　知识点解析

10.1.1　结构体

结构体可用于描述由一组不相同类型的成员构成的一个逻辑整体，成员的类型可以是基本数据类型也可以是构造类型。结构体类型利用 struct 关键字进行声明，声明后才能使用。

结构体变量必须先定义后使用，允许初始化。结构体变量中的每个成员各自按顺序占有独立的内存空间，占有的内存空间是其所有成员所占内存空间之和。结构体变量一般不作为一个整体使用，而是通过引用其成员对其进行引用。元素为结构体类型的数组称为结构体数组，其声明和引用方式与普通数组类似。

10.1.2　共用体

共用体与结构体类似，共用体类型利用 union 关键字声明。不同于结构体，共用体变量中的所有成员共用一块内存空间，共用体变量占有的内存空间是其各成员所占空间的最大值，各成员在内存中的起始地址与共用体变量的起始地址一样。任何时刻共用体变量占有的内存空间中只存放一个成员的数据，最后一次存放的成员是有效成员。共用体变量不允许初始化，也不允许作为函数的参数。共用体变量一般也不作为一个整体使用，只能利用变量名对成员进行引用。

10.1.3　枚举

枚举类型适用于变量取有限个固定值的情形，用 enum 关键字进行声明，枚举变量的值只能取枚举类型声明中列出的枚举常量。在默认情况下，各枚举常量对应的值按类型声明中的顺序依次是 0,1,2,⋯(即从 0 开始顺序加 1)，也可以在声明时重新指定枚举常量的值，但不能在枚举类型声明外重新指定。在给枚举变量赋值时，要确保赋值运算符两边的数据类型一致。

10.1.4　用 typedef 自定义类型名

typedef 用于为已有的类型重新命名新的类型名，并不产生新的类型，且原类型名仍然有效。

10.2　案 例 分 析

1. 设有以下语句：

```
struct data
{
     int w;
     char *ch;
}ex;
```

下面叙述正确的是(　　)。

A. ex 是结构体类型名

B. data 是结构体类型名

C. struct data 是结构体类型名

D. struct 是结构体类型名

答案：C

【解析】在结构体类型声明中，“struct 结构体名”才是结构体类型名。本题中 struct data 是结构体类型名，ex 是结构体变量名，data 是结构体名。因此，正确答案是 C。

2. 设有以下程序段：

```
struct student
{
     char ID[10];
     char name[10];
     char sex;
     float score;
} stu1={"2018012002","M1", 'f', 95.0f};
printf("%d,%d,%d,%d\n",sizeof(stu1.name),sizeof(stu1.sex),sizeof(stu1.scor
e),sizeof(stu1));
```

输出结果是(　　)。

A. 1,1,4,30　　B. 10,1,4,25　　C. 1,1,4,20　　D. 1,1,4,8

答案：B

【解析】sizeof 操作符以字节形式给出了其操作数占有的内存大小，操作数可以是一个表达式、类型名、变量名、数组名。成员 ID 和 name 都是 char 型数组，各占用内存大小为 10×1=10 字节，1 是 char 型数据占有的字节数；成员 sex 占用 1 字节；成员 score 为 float 类型，占用 4

字节；结构体变量 stu1 占用内存空间大小是其各成员占用空间之和，即 25。

3. 设有以下程序段：

```
union example
{
    int a;
    char c;
    float w;
}y;
y.a=-1;
y.c='A';
y.w=0.5;
```

则共同体变量 y 中最终保留的值为(　　)。

A. −1　　B. 'A'　　C. 0.5　　D. 以上都不对

答案：C

【解析】共用体的各成员共用一块内存空间，各成员在内存中的地址是相同的，任何时刻，只有一个成员的数据在内存中，最后被赋值的成员才是有效成员，y.a 值被数组 y.c 中的元素值覆盖，y.c 值被数组 y.w 中的元素值覆盖。因此，答案是 C。

4. 执行下述语句：

```
enum day
{
    Sun, Mon=2, Tue, Wed, Thu, Fri, Sat
}d1, d2, d3;
d1=Sun;
d2=Tue;
d3=Fri;
printf("%d,%d,%d\n", d1, d2, d3);
```

输出结果是(　　)。

A. 1,2,3　　B. 0,3,6　　C. 0,3,5　　D. 出错

答案：B

【解析】每个枚举常量对应一个整数值，默认情况下第一个枚举常量值为 0，其余顺序加 1。但在声明中，枚举常量值可重新指定，之后的枚举常量值应在其基础上顺次加 1。因此 d_1，d_2 和 d_3 分别是 0，3 和 6。

5. 设有以下语句：

```
typedef struct student
{
    char *ID;
    char *name
    char sex
    int age;
```

```
} STUDENT;
```

下面叙述中正确的是(　　)。

A. 可以用 STUDENT 定义结构体变量

B. 可用 student 定义结构体变量

C. student 是 struct 类型的变量

D. STUDENT 是 struct student 类型的变量

答案：A

【解析】typedef用于为已有类型定义新的类型名，STUDENT是struct student类型的别名。

6. 下面程序的运行结果是__________。

```
# include<stdio.h>
struct {
     char name[20];
     int age;
     double height;
} person;
int main()
{
     printf("%d",sizeof(person));
     return 0;
}
```

答案：32

【解析】成员 name 是 char 型数组，占用内存大小为 20×1=20 字节(其中 20 是数组元素个数，1 是 char 型数据占有的字节数)，成员 age 占用 4 字节，成员 double 占用 8 字节，结构体 person 占用内存空间大小是其各成员占用空间之和，即 32。

7. 下面程序的运行结果是__________。

```
#include <stdio.h>
#include <string.h>
union Data
{
   int i;
   float f;
   char str[20];
};
int main( )
{
   union Data data;
   printf( "Memory size occupied by data : %d\n", sizeof(data));
   return 0;
}
```

答案：Memory size occupied by data : 20

【解析】共用体中各成员间共用一块内存空间，因此共用体变量占有的内存大小是其各成员所需内存的最大值。在这个程序中，成员 *i* 占用 4 字节，成员 *f* 占用 4 字节，char 型数组占用内存大小为 20×1=20 字节，其中 20 是数组元素个数，1 是 char 型数据占有的字节数，共用体 data 占用内存空间大小是其各成员占用空间的最大值，即 20。

8. 下面程序的运行结果是__________。

```
#include<stdio.h>
enum DAY
{
      MON=1, TUE, WED, THU, FRI, SAT, SUN
};
int main()
{
     enum DAY day;
     day=WED;
     printf("%d",day);
     return 0;
}
```

答案：3

【解析】在默认情况下，C 语言规定各常量的值按声明顺序依次是 0,1,2,…，从 0 开始，顺序加 1。而此程序中，规定第一个成员 MON 的值为 1，因此其他成员的值依次为 2,3,…,7。因此，WED 的值为 3。

9. 请找出下面程序中的错误并将其修改正确。

```
#include <stdio.h>
struct Books
{
    char  title[50];
    char  author[50];
    char  subject[100];
    int   book_id;
} book={"C language", "teacher", "programming language", 123456};
int main()
{
     printf("title:%d\nauthor: %d\nsubject: %d\nbook_id: %d\n", book.title,
     book.author, book.subject, book.book_id);
}
```

答案：将 printf 语句中的前三个“%d”改为“%s”。

【解析】结构体 book 的三个成员 title，author 和 subject 为字符数组，因此 printf 语句输出时格式控制串改为“%s”。

10. 请找出下面程序中的错误并将其修改正确。

```
#include <stdio.h>
union Data
{
   int number;
};

int main( )
{
   union Data data;
   data.number=100;
   printf("data: %d\n", data[number]);
   return 0;
}
```

答案：printf("data : %d\n", data.number);

【解析】printf 语句中共用体变量的成员的引用正确格式应为 data.number。

11. 请找出下面程序中的错误并将其修改正确。

```
#include <stdio.h>
#include <stdlib.h>
int main()
{
    enum day
    {
        saturday,
        sunday,
        monday,
        tuesday,
        wednesday,
        thursday,
        friday
    };
    int a=1;
    enum day weekend;
    weekend=a;
    printf("weekend:%d",weekend);
    return 0;
}
```

答案：weekend=(enum day) a; //类型转换

【解析】整型变量不能直接赋给枚举变量，因为两者类型不同。若要赋值，必须进行强制类型转换。

12. 编写程序输入 3 个学生的学号、姓名、分数，输出分数最高的学生的所有信息(假设没有分数一样的学生)。

【问题分析】学生信息由学号、姓名、分数组成，多名学生的信息可用结构体数组来描述。

要输出分数最高的学生的信息,关键是求出该学生在数组中的位置。我们可定义函数 maxScore,其功能是获得分数最高的学生在结构体数组中的位置：首先把数组中第一个学生的分数赋给变量 max，在数组中的位置赋给变量 pos，然后利用 for 语句将其他学生的分数与 max 进行比较，若比 max 大，就更新 max(max 始终存放当前的最高分)，同时用 pos 记录当前最高分学生在数组中的位置，循环结束后，就可得到分数最高的学生在结构体数组中的位置。获得位置后，用 printf 函数输出对应学生的信息。

【算法设计】程序设计流程图如图 10-1 所示。

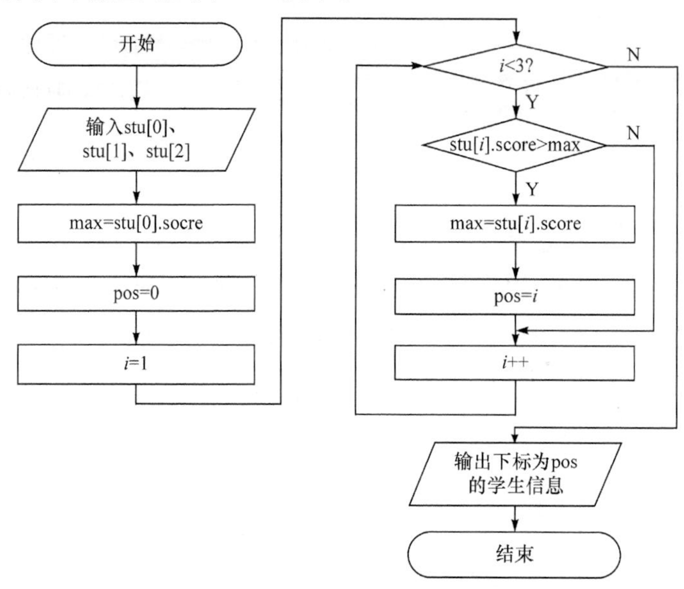

图 10-1　案例 12 程序设计流程图

【参考程序】

```
#include <stdio.h>
#define N 3                              /*定义符号常量N，表示学生人数*/
struct student                           /*定义一个结构体类型，用来表示学生信息*/
{
      char ID[10];                       /*结构体的成员，用来表示学生的学号*/
      char name[10];                     /*结构体的成员，用来表示学生的姓名*/
      int score;                         /*结构体的成员，用来表示学生的分数*/
};
typedef struct student STUDENT;          /*typedef 声明别名 STUDENT*/

int maxScore(STUDENT *stu)               /*stu 为结构体指针*/
{
      int i, pos=0, max=stu[0].score;
      for(i=1; i<N; i++)
            if(stu[i].score>max)         /*与当前最高分比较*/
            {
                  max=stu[i].score;      /*max 存放当前最高分*/
                  pos=i;                 /*pos 存放当前最高分的学生在数组中的位置*/
```

```
        }
        return pos;            /*最后返回的 pos 就是分数最高学生在数组中的位置*/
}

int main( )
{
    STUDENT stu[N];                /*定义一个结构体数组*/
    int pos, i;
    printf("输入学生的学号、姓名、分数\n");
    for(i=0; i<N; i++)             /*输入各学生的信息*/
        scanf("%s %s %d", stu[i].ID, stu[i].name, &stu[i].score);
    pos= maxScore(stu);            /*求数组 stu 中分数最高的学生在 stu 中的位置 k*/
    printf("分数最高的学生信息为:\n");
    printf("%s %s %d\n", stu[pos].ID, stu[pos].name, stu[pos].score);
    return 0;
}
```

【运行结果】

```
输入学生的学号、姓名、分数
201812001 Zhangsan 90
201812002 Lisi 80
201812003 wangwu 85
分数最高的学生信息为
201812001 Zhangsan 90
```

10.3　拓 展 知 识

10.3.1　结构体类型的指针变量

结构体类型的指针与普通类型的指针类似。

1. 指向结构体变量的指针变量

例如：

```
struct student
{
    char ID[10];
    char name[10];
    int score[4];
} stu1;
struct student *stu2;
stu2=&stu1;          /*stu2 是指向结构体变量的指针变量*/
```

结构体指针变量引用成员的方法有两种，例如：

```
stu2->ID
stu2->score
```

或

```
(*stu2).ID
(*stu2).score
```

2. 指向结构体数组的指针变量

例如:

```
struct student
{
     char ID[10];
     char name[10];
     int score[4];
}*stu1;           /*stu1 是指向结构体数组的指针变量*/
struct student stu2[20];
stu1=stu2;        /*将数组 stu2 的起始地址赋给 stu1*/
```

10.3.2 结构体与函数

1. 结构体作为函数参数

例如:

```
int functionName1(struct  student  stu) /*调用时，传递的是变量值*/
{
     ……
}
int functionName2(struct  student  *stu)/*调用时，传递的是变量的首地址*/
{
     ……
}
```

注意：形参与实参应具有相同的结构体。

2. 函数的返回值为结构体类型

例如:

```
struct student functionName3 (参数列表)       /*返回结构体变量的值*/
{
     ……
}
struct student * functionName3 (参数列表)     /*返回结构体变量的地址*/
{
```

```
    ......
}
```

10.3.3　用结构体指针操作链表

1. 链表概述

链表是一种在物理内存上不连续的数据结构，即可将内存空间上不连续的若干元素像“链条”一样连接起来。链表中的元素称为节点，每个节点都是一个结构体变量，其成员中至少有一个该结构体类型的指针变量，用于指向下一个节点的地址，从而可以将内存上不连续的若干节点串接成一个链表。如果节点中仅含有一个结构体指针变量，该链表称作单链表。

在单链表中，把指向第一个节点的指针称为头指针；最后一个节点中用于指示下一个节点地址的指针变量值设为 NULL，表示空地址，表示链表结束。

由上可知，节点中的成员分为两部分：一部分用于存储数据本身(数据域)，另一部分用于存放地址(指针域)。

单链表节点的类型声明形式如下：

```
struct 结构体名
{
    数据成员列表;
    struct 结构体名 *变量名;   /*该指针指示下一个节点*/
};
```

注意：两个结构体名必须相同。

例如：

```
struct  node
{
    int data;               /*节点的数据域，用于存储数据*/
    struct node *next;      /*该指针指示下一个节点*/
};
```

结构体中的成员可以是其他构造类型，如结构体类型、共用体类型等，但成员若是本结构体类型，则只能是指针变量。

2. 链表占用的内存空间

在存放数量比较多的同类型或同结构的数据时，总是使用数组。使用数组时，一般需事先确定数组的大小，但在很多实际问题中，数组大小无法事先确定，因此，通常将数组定义得足够大，造成了空间浪费。我们把这种事先分配固定大小内存空间的方法称为静态内存分配。

动态内存分配是指在程序执行过程中动态地分配内存空间的方法。它不像静态内存分配方法需要预先分配内存空间，而是由系统根据程序的需要即时分配，且分配大小是程序要求的大小，可以用一个分配一个，不用时再进行释放。链表就是一种动态的结构，当需要向链表中加入一个节点时，就要求系统分配一个节点的内存空间；当删除节点时，就释放节点占用的内存空间。如此，可充分利用内存空间，提高使用内存的灵活性。

(1) 动态内存分配方法。可以调用 malloc 函数动态地分配内存，一般形式为：

```
(void*)malloc(size);
```

作用：分配一个长度为 size 的连续空间。该函数返回指向分配的连续内存空间的起始地址的指针。当函数未能成功分配内存空间时(如内存不足)就返回 NULL。

(2) 内存释放函数。可以调用 free 函数释放内存空间，一般形式为：

```
free(*变量名);
```

作用：释放指针变量所指向的一块内存空间。

程序中若需使用上述函数进行动态内存分配和回收，则应在程序开头添加“#include <stdlib.h>”。

3. 举例

利用单链表建立一个学生信息表，学生信息包含学号、姓名、成绩 3 项数据信息，假设有 4 个学生，学生信息通过键盘输入，然后输出所有学生的信息。

```
#include <stdio.h>
#include <stdlib.h>        /*包含 malloc、free 等函数的标准库*/
#define N 4
typedef struct student
{
     char ID[10];          /*学号*/
     char name[10];        /*姓名*/
     int score;            /*成绩*/
     struct student  *next;  /*有指向下个节点的指针*/
} STUDENT;                 /* STUDENT 是类型名而不是变量名*/
int main()
{
      int i;
      STUDENT *head, *p, *q;
      head=(STUDENT *)malloc(sizeof(struct student)); /*为 head 节点分配内存空
                                                          间*/
      head->next=NULL;    /*head 作为头指针*/
      printf("输入所有学生的学号、姓名和成绩信息：\n");
      scanf("%s %s %d", head->ID, head->name, &head->score);/*输入头节点信息*/
      p=head;
      for(i=1; i<N; i++) /*输入其余学生信息，并将每个节点连接起来*/
      {
           q=(STUDENT *)malloc(sizeof(struct student));
           scanf("%s %s %d", q->ID, q->name, &q->score);
           q->next=p->next; /*① 将当前链表的尾节点 q 的指针成员值置 NULL*/
           p->next=q;       /*② 将节点 q 连接到节点 p 后*/
           p=q;             /*③ p 向后移，始终指向当前链表的尾节点*/
```

```
    }
    p=head;       /*p 重新指向第一个节点*/
    printf("所有学生的信息为：\n");
    while(p)     /*遍历链表，输出所有学生信息*/
    {
        printf("%s %s %d\n", p->ID, p->name, p->score);
        p=p->next; /*p 指向下一个节点*/
    }
    return 0;
}
```

程序中，head 是单链表的头指针，p，q 是遍历链表的指针，建立单链表的过程如图 10-2 所示。

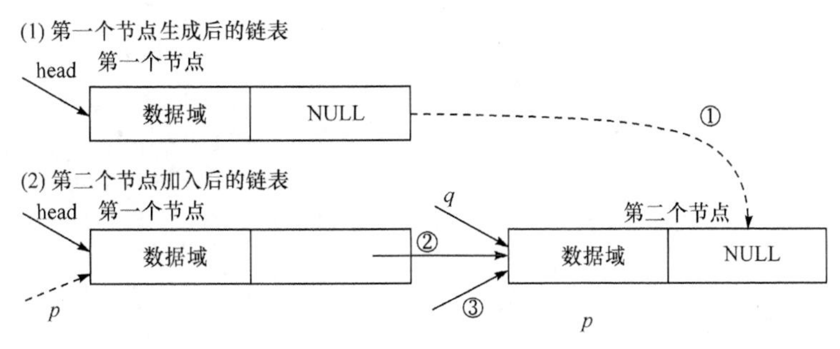

图 10-2　单链表的建立过程

【运行结果】

```
输入所有学生的学号、姓名和成绩信息：
201812001 Zhangsan 90
201812002 Lisi 85
201812003 Wangwu 70
201812004 Zhaoliu 88
所有学生的信息为：
201812001 Zhangsan 90
201812002 Lisi 85
201812003 Wangwu 70
201812004 Zhaoliu 88
```

本 章 习 题

一、选择题

1. 若程序中有以下的说明和定义：

```
struct abc
{
   int x;
```

```
    char y;
}
struct abc s1, s2;
```

则会发生的情况是(　　)。

A. 编译时出错

B. 程序将顺序编译、连接、执行

C. 能通过编译、连接，但不能执行

D. 能顺序通过编译，但连接出错

2. 以下对结构体类型变量的声明中不正确的是(　　)。

```
A. #define STUDENT struct student
   STUDENT
   {
     int ID;
     float score;
   }stu1;
```

```
B. struct
   {
     int ID;
     float score;
   } student;
   struct student stu1;
```

```
C. struct
   {
     int ID;
     float score;
   }stu1;
```

```
D. struct student
   {
     int ID;
     float score;
   }stu1;
```

3. 有如下定义：

```
struct date
{
    int year, month, day;
};
struct student
{
    char ID[10];
    char name[10];
    char sex;
    struct date birthday;
} stu1;
```

对结构体变量 stu1 的出生年份赋值的正确语句是(　　)。

A. year=2000;

B. birthday.year=2000;

C. stu1.birthday.year=2000;

D. person.year=2000;

4. 设有以下语句，则下面叙述中不正确的是(　　)。

```
struct example
```

```
{
   int x ;
   float y;
   float z ;
} ex1;
```

A. struct 是结构体类型的关键字

B. ex1 是结构体类型名

C. *x*, *y*, *z* 都是结构体成员名

D. struct example 是结构体类型

5. 有以下说明和定义语句：

```
struct student
{
   char ID[8];
   int age;
};
struct student stu[3]={{"2008001",18},{"2008002",19},{"2008003",19}};
struct student *p=stu;
```

以下选项中引用结构体变量成员的表达式错误的是(　　)

A. (*p*++)->num　　B. *p*->num　　C. (**p*).num　　D. stu[3].ID

6. 有以下程序段：

```
struct abc
{
   int x;
   int *y;
}*pt;
int a[ ]={1,2},  b[ ]={3,4};
struct abc ch[2]={10, a, 20, b};
pt=ch;
```

表达式++pt->*x* 的值为(　　)。

A. 9　　B. 10　　C. 11　　D. 20

7. 若有以下定义：

```
union data
{
  int a;
  char b;
  double c;
}d1;
```

则以下叙述中错误的是(　　)。

A. d_1 的每个成员起始地址都相同

B. 变量 d_1 所占内存字节数与成员 c 所占字节数相等

C. 程序段“$d_1.a$=5; printf("%f\n", $d_1.c$);”输出结果为 5.000000

D. d_1 可以作为函数的实参

8. 若有下面的定义：

```
struct test
{
    int ml;  /*占 2 字节*/
    char m2;
    float m3;
    union uu
    {
        char ul[5];
        int u2[2];
    } a;
} my;
```

则 sizeof(struct test)的值是(　　)。

A. 12　　B. 16　　C. 14　　D. 9

9. 设有如下枚举类型定义：

```
enum language
{
   Basic=3, Assembly=6, Ada=100, COBOL, Fortran
};
```

枚举量 Fortran 的值为(　　)。

A. 4　　B. 7　　C. 102　　D. 103

10. 下面程序的输出是(　　)。

```
int main()
{
   enum team {my, your=4, his, her=his+10};
   printf("%d %d %d %d\n", my, your, his, her);
   return 0;
}
```

A. 0 1 2 3　　B. 0 4 0 10　　C. 0 4 5 15　　D. 1 4 5 15

11. 有以下程序段：

```
typedef struct Node
{
   int num;
   struct Node *link;
```

```
} List;
```

以下叙述中正确的是(　　)。

A. 以上说明形式非法

B. Node 是一个结构体类型

C. List 是一个结构体类型

D. List 是一个结构体变量

12. 以下叙述中错误的是(　　)。

A. 可以用 typedef 将已存在的类型用一个新的名字来代表

B. 用 typedef 可以增加新的类型

C. 用 typedef 定义新的类型名后，原有类型名仍有效

D. 用 typedef 可以为各种类型起别名，但不能为变量起别名

13. 设有以下语句：

```
typedef struct S
{
    int num;
    char ch;
} T;
```

则下面叙述中正确的是(　　)。

A. 可用 *S* 定义结构体变量

B. 可以用 *T* 定义结构体变量

C. *S* 是 struct 类型的变量

D. *T* 是 struct *S* 类型的变量

14. 设有如下定义：

```
struck s
{
   int a;
   float b;
} d;
int *p;
```

若要使 *p* 指向 *d* 中的 *a* 域，正确的赋值语句是(　　)。

A. *p*=&*a*;　　　B. *p*=*d*.*a*;　　　C. *p*=&*d*.*a*;　　　D. **p*=*d*.*a*;

15. 有以下结构体说明和变量定义，指针 *p*，*q*，*r* 分别指向单链表中的三个连续节点。

```
struct node
{
    int data;
    struct node *next;
} *p, *q, *r;
```

现要将 *q* 所指节点删除，同时保持链表的连续，以下不能完成此功能的语句是(　　)

A. *p*->next=*q*->next;

B. *p*->next=*p*->next->next;

C. *p*->next=*r*;

D. *p*=*q*->next;

二、填空题

1. 以下程序的运行结果是__________。

```
#include <string.h>
#include <stdio.h>
typedef struct student
{
  char name[10];
  long no;
  float score;
}STU;
int main()
{
   STU
 a={"zhangsuan",12001,95},b={"Zhangxian",12002,90},c={"Zhanghuan",12003,95};
   STU d,*p=&d;
   d=a;
   if(strcmp(a.name, b.name)>0)
        d=b;
   if(strcmp(c.name, d.name)>0)
        d=c;
   printf("%ld%s\n", d.no, p->name);
   return 0;
}
```

2. 下面程序的运行结果是__________。

```
#include <stdio.h>
typedef union student
{
  char name[10];
  long no;
  char sex;
  float score[4];
}STU;
int main()
{
  STU a[5];
  printf("%d\n", sizeof(a));
  return 0;
}
```

3. 下面程序的运行结果是__________。

```
#include <stdio.h>
int  main()
{
   union  EX
   {
        struct
        {
             int  x, y;
        }in;
   int a, b;
   }e;
   e.a=1;
   e.b=2;
   e.in.x=e.a*e.b;
   e.in.y=e.a+e.b;
   printf("%d, %d\n", e.in.x, e.in.y);
   return 0;
}
```

4. 以下程序段用于构建一个单向链表，请填空。

```
struct S
{
   int x, y;
   float rate;
   __________p;
} a, b;
a.x=0; a.y=0; a.rate=0; a.p=&b;
b.x=0; b.y=0; b.rate=0; b.p=NULL;
```

5. 若有定义：

```
struct number
{
    int a;
    int b;
    float f;
}n={1, 3, 5.0f};
struct number *pn=&n;
```

则表达式 pn->*b*/*n*.*a**++pn->*b* 的值是____①____，表达式(*pn).*a*+pn->*f* 的值是____②____。

6. 结构体数组中有三人的姓名和年龄，以下程序输出三人中最年长者的姓名和年龄。请填空。

```
struct man
{
    char name[20];
    int age;
}person[]={"li-ming",18, "wang-hua",19,"zhang-ping",20};
int main()
{
    struct  man  *p, *q;
    int old=0;
    p=person;
    for( ; __①__ )
          if(old < p->age)
          {
              q=p;
              __②__ ;
          }
    printf("%s %d", __③__ );
    return 0;
}
```

7. 以下程序段用于统计单链表中的节点个数，first 为指向第一个节点的指针。请填空。

```
struct list
{
    char data;
    struct list *next;
};
struct list * p, *first;
int c=0;
p=first;
while( __①__ )
{
   __②__ ;
  p= __③__ ;
}
```

三、编程题

1. 编程实现输入 10 位职工的姓名、性别、年龄、工资并输出每位职工的信息。

2. 编写程序实现求任意两个复数的和。

3. 利用结构体，编写一个程序实现计算两个坐标点的中点坐标和它们的距离。

4. 编程实现根据今天是星期几，计算并输出明天是星期几。

5. 编程实现利用单链表记录某个学生的多门课程成绩，每门课程的成绩记录包括：课程名、成绩和学分。

第 11 章　位　运　算

【本章内容】

(1) 了解 6 种位运算符及优先级。

(2) 位运算符的功能。

【重点难点】

(1) 位运算符的功能。(重点)

(2) 左(右)移运算符。(难点)

11.1　知识点解析

11.1.1　位运算符

C 语言提供了 6 种位运算符：&(按位与)、|(按位或)、^(按位异或)、～(按位求反)、<<(左移)、>>(右移)。

(1) 按位求反(～)为单目运算符，其余均为双目运算符。

(2) 位运算符的优先级由高到低的顺序为：～、<<、>>、&、|、^。

11.1.2　位运算符功能

1. 按位与运算符(&)

将参加运算的两个运算数对应的二进制位分别进行“与”运算。当两个相应的二进制位都为 1 时，该位结果为 1，否则为 0。

2. 按位或运算符(|)

将参加运算的两个运算数对应的二进制位分别进行“或”运算。只有两个相应的二进制位都为 0 时，该位结果才为 0，否则为 1。

3. 按位异或运算符(^)

将参加运算的两个运算数对应的二进制位分别进行“异或”运算。当两个相应的二进制位相同时，该位结果为 0，否则为 1。

4. 按位取反运算符(～)

“～”是单目运算符，运算数位于运算符“～”的右边，将运算数的内容按位取反，即 0 变 1，1 变 0。

5. *左移运算符*(<<)

将一个运算数的各二进制位向左移动若干位，运算符左边为位移对象，右边为移动的位数，高位(左端)溢出舍弃，低位(右端)补 0。

6. *右移运算符*(>>)

将一个运算数的各二进制位向右移动若干位，其中运算符左边为位移对象，右边为移动的位数，低位(右端)被舍弃。当运算数为正数时，高位补 0；当为负数时，高位补 1。

11.2 案 例 分 析

1. 表达式 0xFF&0x33 的值是(　　)。

A. 0xFF　　B. 0x33　　C. 0xF3　　D. 0x3F

答案：B

【解析】此题考查的是按位与运算符，0xFF=$(11111111)_2$，0x33=$(00110011)_2$。由于 $1\&a=a$(a 为 0 或 1)，因此 0xFF&0x33 等于 0x33，答案是 B。

2. 下列程序的输出结果为__________。

```
#include <stdio.h>
int main()
{
    int x=3,y=1;
    x=x<<3|y
    printf("%d\n",x);
    return 0;
}
```

答案：25

【解析】运算符“<<”高于“|”，所以先左移 x 的值变为$(011000)_2$，再与 y=$(000001)_2$进行按位或运算，因此，x=$(011001)_2$=25。

3. 以下程序的输出结果为__________。

```
#include <stdio.h>
int main()
{
    unsigned a=066,b,c;
    int n=3;
    b=a<<(32-n);
    printf("b=%o\n",b);
    c=a>>n; printf("c1=%o\n",c);
    c|=b; printf("c2=%o\n",c);
    return 0;
}
```

答案：b=30000000000

$c_1=6$

$c_2=30000000006$

【解析】执行 $b=a<<(32-n)$后，b 的高 n 位是 a 的低 n 位，a 的低 $n=3$ 位为$(110)_2$，所以 b 的最高 2 位为 11，其余位为 0，即 $b=(30000000000)_8$。执行 $c=a>>n$，由于 a 的值右移 3 位，高位补 0，所以 c 的低 3 位为 110，其余位为 0，输出 $c_1=6$。$c|=b$ 是复合赋值运算，即$(00000000006)_8|(30000000000)_8$，$c$ 为$(30000000006)_8$，所以 $c_2=30000000006$，即结果如上。

4. 输入 3 个正整数 a，b，c，通过位运算将数据分别输出 $a*2^b$ 和 $a/2^c$ 的结果。

【问题分析】对数据乘以 2^b 只要左移 b 位即可(不溢出)，同样，数据除以 2^c 只要右移 c 位即可，因此，分别输出 a 的左移 b 位和右移 c 位的结果，参考程序如下。

【参考程序】

```
#include <stdio.h>
int main()
{
     unsigned a,b,c,t;
     printf("\n 请输入一个 3 位数的整数: ");
     scanf("%d%d%d",&a,&b,&c);
     t=a<<b;       //得到 a*2b
     printf("%d\n",t);
     t=a>>c;       //得到 a/2c
     printf("%d\n",t);
     return 0;
}
```

【运行结果】

```
请输入一个 3 位数的整数: 59 2 3
236
7
```

5. 分别截取第一个数的高端部分(16 位)，第二个数的低端部分(16 位)并按位求反，再将两个截取部分组成一个新数，其中第一个数的高端部分在新数的高端部分，按位求反的第二个数的低端部分位于新数的低端部分。

【问题分析】按位与运算符“&”具有清零功能，所以要得到第一个数的高端部分(16 位)，只要该数与 0xFFFF0000 进行按位与运算“&”即可。由于 0^1=1，1^1=0，所以对一个数进行按位取反，只要将这个数与对应位为 1 的数进行按位异或即可。同时，0^0=0，1^0=1，所以与 0 进行按位异或运算，对应位不变。因此，获得第二个数的低端部分(16 位)并按位求反过程是首先截取该数的低端部分，再将该部分按位取反。

【参考程序】

```
#include <stdio.h>
int main()
```

```
{
    int a,b,c,t;
    printf("\n请输入两个整数(十六进制): ");
    scanf("%x%x",&a,&b);
    t=0xFFFF0000;
    a=a&t;                //截取a的高端部分(16位)
    t=0x0000FFFF;
    b=b&t;                //截取b的低端部分(16位)
    b=b^t;                //对b的低端部分(16位)按位取反
    c=a|b;
    printf("%x\n",c);
    return 0;
}
```

【运行结果】

```
请输入两个整数(十六进制):
ffff0000
ffff0000
ffffffff
```

11.3　拓 展 知 识

如果进行位运算的两个运算数长度不同，如 x 为 int 型，y 为 short int 型，当 $a\&b$ 时，系统会将两个数据按右端对齐。补齐的规则为：如果 y 为正数，则高端 16 位补 0，若 y 为负数，高端补 1，如果 y 为无符号整数，则高端补满 0。

本 章 习 题

一、选择题

1. 表达式 0x11|0x7 的值是(　　)。

A. 0x1　　B. 0x17　　C. 0x16　　D. 0x11

2. 在位运算中，操作数每右移两位，其结果相当于(　　)。

A. 操作数乘以 2　　B. 操作数除以 2　　C. 操作数除以 4　　D. 操作数乘以 4

3. 设有以下语句，则 z 的二进制值是(　　)

```
char x=2, y=7, z; z=x^y<<2;
```

A. 00010100　　B. 00010001　　C. 00000101　　D. 00011100

4. 以下程序的输出结果是(　　)。

```
#include <stdio.h>
int main()
```

```
{
    int a=1,b;
    b=a<<3;
    b=b|a;
    printf("%d ",b);
    return 0;
}
```

A. 1　　B. 3　　C. 8　　D. 9

二、填空题

1. 6种运算符中，优先级最高的位运算符为__________。

2. 检测char型变量 *x* 第3位是否为1的表达式是__________。

3. 若 *x* =0123，*y* =07，则表达式(*x*<<2)^*y* 的值是__________。

三、编程题

1. 以十六进制输入方式给一个无符号整型变量赋值，通过位运算符分别输出这个数字的高16位和低16位(十六进制输出)。

2. 请编写程序交换一个数的二进制的奇数位和偶数位。

注：以十六进制或八进制形式输入/输出。

3. 给两个整型变量 *a*、*b* 赋值，将 *b* 的[5:0]位替换到 *a* 的[11:6]位，并输出 *a*。

注：最低位为第0位。

第 12 章　文　　件

【本章内容】

(1) C 文件的基本概念，文件类型指针的概念。

(2) 文件的打开和关闭操作。

(3) 文件的读写操作。

(4) 文件的定位。

(5) 文件出错检测方法。

【重点难点】

(1) 文件的打开与关闭方法。(重点)

(2) 文件的读写操作。(重点)

(3) 文件的操作在 C 语言中的应用。(难点)

12.1　知识点解析

12.1.1　C 文件的基本概念

从用户的角度看，文件可分为普通文件和设备文件。普通文件是存储在外部介质上数据的集合，可以是源文件、目标文件、可执行程序；也可以是一组待输入处理的原始数据或者一组输出的结果。源文件、目标文件、可执行程序可以称作程序文件；输入/输出数据可称作数据文件。

设备文件是指与主机相连的各种外部设备，如显示器、打印机、键盘等。在操作系统中，把外部设备也看作一个文件来进行管理，把它们的输入、输出等同于对磁盘文件的读和写。通常把显示器定义为标准输出文件，一般情况下在屏幕上显示有关信息就是向标准输出文件输出，如 printf，putchar 函数。键盘通常被指定为标准的输入文件，从键盘上输入意味着从标准输入文件上输入数据，如 scanf，getchar 函数。

从文件编码的方式来看，文件可分为 ASCII 码文件和二进制码文件两种。例如，5678 的 ASCII 码和二进制码如图 12-1 所示。

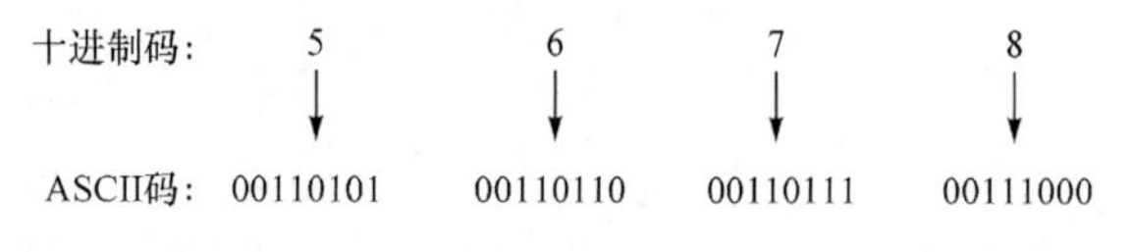

图 12-1　5678 的 ASCII 码和二进制码

文件指针的一般定义形式为：

```
FILE *指针变量标识符;
```

其中，FILE 应为大写，它实际上是由系统定义的一个结构体，该结构体中含有文件名、文件状态和文件当前位置等信息。例如：

```
FILE *fp;
```

【解析】

(1) fp 是指向 FILE 结构的指针变量。

(2) 通过 fp 即可找到存放某个文件信息的结构变量，然后按结构变量提供的信息找到该文件，实施对文件的操作。

(3) 习惯上常将 fp 笼统地称为指向文件的指针。

12.1.2　文件的打开和关闭操作

1. 文件的打开

fopen 函数用来打开一个文件，其调用的一般形式为：

```
文件指针名=fopen(文件名,使用文件方式);
```

【解析】

(1) “文件指针名”必须是被说明为 FILE 类型的指针变量。

(2) “文件名”是被打开文件的文件名。

(3) “使用文件方式”是指文件的类型和操作要求。

(4) “文件名”由字符串常量或字符串数组构成。

例如：

```
fp=fopen("readme.txt","r");
```

【解析】

(1) 如果文件 readme.txt 打开成功，则文件指针 fp 的标记 fp->_flag 值为 1；如果文件不存在或者不在当前工作目录下，将返回打开失败，fp->_flag 的值为 0。

(2) 文件打开可以采用绝对路径方法。例如，文件 readme.txt 在 D 盘根目录下，如果要成功地打开该文件，则可改为“fp=fopen("D:\\readme.txt","r");”。

(3) 文件打开也可以采用相对路径方法。例如，文件 readme.txt 在当前工作目录的上一级父目录下，如果要成功地打开该文件，则应改为“fp=fopen("..\\readme.txt","r");”。

(4) fopen 函数中的文件名可以是字符串变量，如“fp=fopen("readme.txt","r");”等价于下面两条语句：

```
char fname[]="readme.txt";
fp=fopen(fname,"r");
```

同理，“fp=fopen("D:\\readme.txt","r");”等价于：

```
char fname[]="D:\\readme.txt";
fp=fopen(fname,"r");
```

2. 文件的关闭

在文件使用完毕之后，需要关闭文件。文件关闭函数调用的一般形式为：

```
fclose(文件指针);
```

例如：

```
fclose(fp);
```

在执行 fclose 操作之后，fp 指向的文件被关闭，此后 fp 不再指向该文件。

12.1.3 文件的读写操作

1. 单个字符操作的读取函数 fgetc 和写入函数 fputc

fgetc 函数的一般调用形式为：

```
字符变量=fgetc(文件指针);
```

例如：

```
ch=fgetc(fp);
```

【解析】

(1) 在 fgetc 函数的调用中，读取的文件必须是以读或读写方式打开的。读取字符的结果可以不向字符变量赋值，例如，“fgetc(fp);”，此时读出的字符未保存。

(2) 在文件内部有一个位置指针。用来指向文件的当前读写字节。在文件打开时，该指针总是指向文件的第一字节。使用 fgetc 函数后，该位置指针将向后移动一字节。因此可连续多次使用 fgetc 函数读取多个字符。特别应注意文件指针和文件内部的位置指针的区别。

(3) 文件指针是指向整个文件的，需在程序中定义说明，只要不重新赋值，文件指针的值是不变的。

(4) 文件内部的位置指针用以指示文件内部的当前读写位置，每读写一次，该指针均向后移动，它不需在程序中定义说明，而是由系统自动设置。

fputc 函数的一般调用形式为：

```
fputc(字符常量或变量,文件指针);
```

例如：

```
fputc(ch,fp);
```

【解析】

(1) 被写入的文件可以用写、读写、追加方式打开，用写或读写方式打开一个已存在的文件时将清除原有的文件内容，写入字符的操作从文件首位置开始进行。

(2) 每写入一个字符，文件内部位置指针向后移动一字节。

(3) fputc 函数有一个返回值，如写入成功则返回写入的字符，否则返回一个 EOF。EOF 可用于判断写入是否成功。

2. 字符串的读写函数 fgets 和 fputs

fgets 函数的调用形式为：

```
fgets(字符串,字符串长度,文件指针);
```

例如：

```
fgets(str,n,fp);
```

表示从 fp 指向的文件读取长度不超过 $n-1$ 的字符串，最后加一个'\0'存入字符数组 str 中。

【解析】

(1) fgets 函数中，第一个参数指针需要事先分配好大小。另外，fgets 函数不适合读取二进制文件，因为 fgets 函数会把二进制文件当成文本文件来处理，这将产生乱码，发生错误。

(2) 该函数返回一个 char 型指针。fgets 函数执行成功时，返回 str 所指向的指针；出错或者读到文件末尾时，返回 NULL。

(3) 当遇到换行符或者缓冲区已满时，fgets 函数就会停止，返回读到的数据。

(4) 每次调用，fgets 函数都会把缓冲区的最后一个字符设为 NULL，这意味着最后一个字符不能用来存放需要的数据，所以如果所操作的对象行含有 LINE_SIZE 个字符(包括换行符)，想要将其读入缓冲区，则应当将参数 n 设置为 LINE_SIZE+1。

fputs 函数的一般调用形式为：

```
fputs(字符串,文件指针);
```

例如：

```
fputs(str,fp);
```

表示向 fp 所指向的文件中输出字符数组 str 中的字符串。

【解析】

(1) 缓冲区中保存的 str 是以'\0'结尾的字符串，fputs 函数将该字符串写入文件 fp，但并不写入结尾的'\0'。

(2) puts 函数将字符串写到标准输出(不包括结尾的'\0')，然后自动写一个'\n'到标准输出。

3. 格式化读写函数 fscanf 和 fprintf

一般调用形式为：

```
fprintf(文件指针,格式字符串,输出列表);
```

```
fscanf(文件指针,格式字符串,输入列表);
```

其中，fprintf 按指定格式将数据写到指定文件中，fscanf 从指定文件按格式读取数据。

例如：

```
fprintf(fp,"%d,%6.2f",i,x);
fscanf(fp,"%d,%f",&i,&x);
```

【解析】

(1) 在利用 fprintf 函数将数据按格式输出到文件中时，通常需要限定数据的格式，例如：

```
fprintf(f,"%6d%c",a,',');
```

(2) 采用 fscanf 进行文件读取时，并不需要添加这些格式数字限定，直接读取即可。对于 float 和 double 类型的数据，如果以数字限定进行读取，将无法正确读取数据；但是对于 int 型数据，即便加上这些数字限定(实际上完全没有必要加)，仍然会得到准确数据。

4. 数据块的读写函数 fread 和 fwrite

一般调用形式为：

```
fread(buffer,size,count,fp);
fwrite(buffer,size,count,fp);
```

功能：fread 函数从 fp 所指的文件读 size*count 字节数据到 buffer 中；fwrite 函数将 buffer 中的 size*count 字节写到 fp 所指的文件中。

【解析】

(1) fread 和 fwrite 用于读写记录，这里的记录是指一串固定长度的字节，如一个 int、一个结构体或者一个定长数组。

(2) 函数中参数 count 是请求读或写的记录数，fread 和 fwrite 返回的记录数有可能小于 count 指定的记录数。例如，当前读写位置距文件末尾只有一条记录的长度，调用 fread 时指定 count 为 2，则返回值为 1。如果当前读写位置已经在文件末尾了，或者读文件时出错了，则 fread 返回 0。如果写文件时出错了，则 fwrite 的返回值小于 count 指定的值。

12.1.4　文件的定位

1. rewind 函数

一般调用形式为：

```
rewind(文件指针);
```

功能：使文件指针重新定位到文件的开头。

2. fseek 函数

一般调用形式为：

```
fseek(文件指针，位移量，起始点);
```

起始点：用 0，1，2 或其对应的名字 SEEK_SET，SEEK_CUR，SEEK_END 代替，分别表示文件开始、文件当前位置、文件末尾。

功能：把文件的读写位置指针移到指定的位置。

3. ftell 函数

一般调用形式为：

```
ftell(文件指针);
```

功能：获取当前文件指针的位置，即相对于文件开头的位移量(字节数)。此函数出错时，返回–1L。

12.2 案 例 分 析

1. 在对文件进行操作时，读文件的一般含义是(　　)。

A. 将磁盘内存中的信息读入计算机 CPU

B. 将计算机中的信息存入磁盘

C. 将计算机 CPU 的信息存入磁盘

D. 将磁盘中的信息存入内存

答案：D

【解析】文件一般指存储在外部介质上数据的集合。通常数据以文件的形式存放在外部介质(如磁盘、光盘和 U 盘)上。文件一般从磁盘文件读取数据，然后载入计算机内存供程序使用。计算机的 CPU 主要用于运算处理，一般不用于数据的存储。

2. 以读写方式打开一个已有文本文件 openme，下面 fopen 函数的调用方式正确的是(　　)。

A. FILE *p; fp=fopen("openme","r");　　B. FILE *p; fp=fopen("openme", "r+");

C. FILE *p; fp=fopen("openme"," rw");　　D. FILE *p; fp=fopen("openme","rb+");

答案：B

【解析】选项中"r"表示以只读方式打开文本文件，"r+"表示为了读写，打开一个文本文件，"rw"是错误的语法表达，"rb+"表示为了读写，建立一个新的二进制文件。

3. 若 fp 为文件指针，且已读到文件的末尾，则表达式 feof(fp)的返回值是(　　)。

A. EOF　　B. –1　　C. 非零值　　D. NULL

答案：C

【解析】如果 feof 返回值为 0(假)，表示未移动到文件的末尾；如果返回一个非零值，表示 fp 已指向文件末尾。

4. 若要打开 D 盘的 user 子目录下的名为 client.txt 的文本文件进行读写操作，下列选项正确的是(　　)。

A. fopen("D:\user\client.txt","wr");　　B. fopen("D:\\user\\client.txt","r+");

C. fopen("D:\\user\\client.txt","rw");　　D. fopen("D:\\user\\client.txt","w+");

答案：B

【解析】在 C 语言中，由于反斜杠“\”常用于表达转义字符，如果通过全目录打开文件，需要通过双反斜杠“\\”进入父目录的子目录，以避免和转义字符“\n”等混淆。文件读写方式"wr"、"rw"都是错误的语法表达，"r+"表示为了读写，打开一个文本文件，"w+"表示为了读写，新建一个文本文件。

5. 下面程序段的功能是(　　)。

```
#include <stdio.h>
main()
{char s1;
 s1=putc(getc(stdin),stdout);}
```

A. 从键盘输入一个字符给字符变量 s_1

B. 从键盘输入一个字符，然后输出到屏幕

C. 在屏幕上输出 stdout 的值

D. 从键盘输入一个字符，然后在输出到屏幕的同时赋给变量 s_1

答案：D

【解析】在 C 语言中，系统自动定义了 3 个文件指针 stdin，stdout 和 stderr，分别指向终端输入、终端输出和标准出错输出。getc(stdin)是从终端输入设备(键盘)输入一个字符，putc 与 fputc 等价，putc 函数返回值是输出的字符，输出失败，则返回 EOF，“s_1=putc(getc(stdin), stdout);”是将键盘接收的字符输出到终端输出设备：显示屏，同时将函数返回值赋值给 s_1。

6. 在 C 语言中，常用如下方法打开一个文件：

```
if((fp=fopen("file1.c","r" ))==NULL)
     {printf("cannot open this file \n");
      exit(0);}
```

其中，函数 exit(0)的作用是(　　)。

A. 退出 C 环境

B. 退出所在的复合语句

C. 当文件不能正常打开时，关闭所有的文件

D. 当文件打开错误时，终止正在调用的过程

答案：D

【解析】exit 用于调用处强行退出程序，终止正在运行的程序。exit(0)表示进程正常退出，返回 0，exit(1)表示进程非正常退出，返回 1。

7. 设文件 file1.c 已存在，则下列程序段的功能是(　　)。

```
#include <stdio.h>
FILE *fp1;
fp1=fopen("file1.c","r");
while(!feof(fp1))
putchar(getc(fp1));
```

A. 将文件 file1.c 的内容输出到屏幕　　B. 将文件 file1.c 的内容输出到文件

C. 将文件 file1.c 的第一个字符输出到屏幕　　D. 什么也不干

答案：A

【解析】该程序段中“while(!feof(fp1))”表示当文件没有结束时，一直执行“putchar(getc(fp1));”，完成将文本文件 file1.c 中的内容逐个字符读取出来，再输出到屏幕。

8. 设文件 stu1.dat 已存在，且有下列程序段：

```
#include <stdio.h>
FILE *fp1, *fp2;
fp1=fopen("stud1.dat","r");
fp2=fopen("stud2.dat","w");
while(feof(fp1))
putc(getc(fp1),fp2);
```

该程序段的功能是(　　)。

A. 将文件 stud1.dat 的内容复制到文件 stud2.dat 中

B. 将文件 stud2.dat 的内容复制到文件 stud1.dat 中

C. 屏幕输出 stud1.dat 的内容

D. 什么也不干

答案：D

【解析】feof 函数用来检测当前文件流上的文件结束标识，检测到文件结束标识返回 1，否则返回 0。在文件刚打开时，文件未结束，feof(fp1)返回值为假(0)，从而 while 语句的循环体不会被执行。

9. 如果要将存放在双精度型数组 *a*[10]中的 10 个双精度型实数写入文件型指针 fp1 指向的文件中，正确的语句是(　　)。

A. for(*i*=0;*i*<80;*i*++) fputc(*a*[*i*],fp1);　　B. for(*i*=0;*i*<10;*i*++) fputc(&*a*[*i*],fp1);

C. for(*i*=0;*i*<10;*i*++) fwrite(&*a*[*i*],8,1,fp1);　　D. fwrite(fp1,8,10,*a*);

答案：C

【解析】fputc 用于向文件中写入字符，fwrite 可以进行二进制的写入操作。C 的语句等价于“fwrite(*a*,8,10,fp1);”。

10. 若将文件指针 fp 指向文件末尾，正确的语句是(　　)。

A. feof(fp);　　B. rewind(fp);

C. fseek(fp,0L,0);　　D. fseek(fp,0L,2);

答案：D

【解析】feof()用于判断文件结束，“rewind(fp);”和“fseek(fp,0L,0);”都将文件指针定位至文件开头，“fseek(fp,0L,2);”将文件定位至文件末尾，其中 2 表示文件末尾位置，0L 是长整型，用于指示当前位置向前偏移量。

11. 下列程序的主要功能是(　　)。

```
#include "stdio.h"
int main()
{
```

```
    FILE *fp;
    long count=0;
    fp=fopen("q1.c","r");
    while(!feof(fp))
       {fgetc(fp);
        count++;
       }
    printf("count=%ld\n",count);
    fclose(fp);
    return 0
}
```

A. 读文件中的字符　　B. 统计文件中的字符数并输出

C. 打开文件　　D. 关闭文件

答案：B

【解析】当文件没有结束时，逐个读取文件内的字符，每读取一个字符计数器变量 count 自加 1，从而整个程序的功能是统计文件内字符的个数。

12. 下列程序的主要功能是(　　)。

```
#include "stdio.h"
int main()
{
    FILE *fp;
    char ch;
    long count1=0,count2=0;
    fp=fopen("q1.c","r");
    while(!feof(fp))
    {
       ch=fgetc(fp);
       if(ch=='{')
            count1++;
       if(ch=='}')
            count2++;
    }
    f(count1==count2)
       printf("YES!\n");
    else
       printf("ERROR!\n");
    fclose(fp);
    return 0
}
```

A. 读文件中的字符“{”和“}”　　B. 统计文件中字符“{”和“}”的个数

C. 输出“YES!”和“ERROE!”　　D. 检查C语言源程序中的花括号是否配对

答案：D

【解析】程序第 11～12 行的功能是每次读到“{”时，count1 自加一次，类似地，第 13～14 行的功能是每次读到“}”时，count2 自加一次，整个循环结束之后，count1 的值是文件中“{”的个数，count2 的值是文件中“}”的个数，16～19 行的功能是判断字符“{”和“}”的个数是否相等。从而答案为 D。A、B、C 都是程序中部分片段的功能，描述不全面。

13. 假定名为 data.dat 的二进制文件中依次存放了下列 4 个单精度实数：

–12.1　　12.2　　–12.3　　12.4

则下面程序运行后的结果是(　　)。

```
#include "stdio.h"
int main()
{
    FILE *fp;
    float sum=0.0,x;
    int i;
    fp=fopen("data.dat","rb");
    for(i=0;i<4;i++,i++)
    {
       fread(&x,4,1,fp);
       sum+=x;
    }
    printf("%f\n",sum);
    fclose(fp);
    return 0
}
```

A. 0.1　　　　B. 0.0　　　　C. –12.3　　　　D. 12.4

答案：A

【解析】程序中语句“for(*i*=0;*i*<4;*i*++,*i*++)”使循环总共被执行两次，从而 sum=–12.1+12.2=0.1，答案为 A。

14. 有如下函数段：

```
int file_err(fpp)
FILE *fpp;
{
   if(ferror(fpp))
       return(1);
   else
       return(0);
}
```

则下列说法正确的是(　　)。

A. 函数的功能是测试 fpp 所指向的文件最后一次操作是否正确

B. 函数的功能是返回 1

C. 函数的功能是返回 0

D. 函数的功能是测试 fpp 所指向的文件最近一次操作是否正确

答案：D

【解析】根据文件是否结束，函数 ferror(fpp)返回 0 或 1，从而 B 与 C 都是错误的，关于 ferror 函数，应当注意，对同一个文件每一次调用输入/输出函数，都会产生一个新的 ferror 函数值，因此该函数的功能是测试 fpp 所指向的文件最近一次操作是否正确，从而答案为 D。

15. 在 C 语言中,二进制文件中的数据存放格式和整数–12345 占用的字节数分别为(　　)。

A. ASCII 码方式，4 字节　　B. ASCII 码方式，2 字节

C. 二进制数方式，2 字节　　D. 二进制数方式，4 字节

答案：C

【解析】二进制文件的数据是以二进制数方式存放的，其占用的字节数就是该数据类型中规定的字节数(整型数据占用 2 字节)，故答案为 C。

12.3　拓 展 知 识

在对文件进行操作时，可能会出现一些错误，C 语言提供了一些专用函数用于检查文件操作是否出错。

1. ferror 函数

一般调用形式为：

```
ferror(文件指针);
```

功能：检查文件在用各种输入/输出函数进行读写时是否出错，若返回值为 0，表示没有出错，否则表示有错误。在执行 fopen 函数时，ferror 函数的初始值自动置 0。

2. clearerr 函数

一般调用形式为：

```
clearerr(文件指针);
```

功能：clearerr 函数用来清除出错标志和文件结束标志，使它们为 0 值。

3. feof 函数

一般调用形式为：

```
feof(文件指针);
```

功能：判断文件是否已读到文件指针所指的文件末尾。非 0 表示已到末尾，0 表示没有到末尾。

本 章 习 题

一、选择题

1. 关于二进制文件和文本文件描述正确的是(　　)。

A. 文本文件将每一字节转换为 ASCII 码存储，只能存放字符或字符串型数据

B. 二进制文件把内存中的数据按其在内存中的存储形式原样输出到磁盘上存放

C. 二进制文件可以节省外存空间和转换时间，不能存放字符型数据

D. 一般中间结果数据需要暂时保存在外存上，只能保存为文本文件

2. 在 C 语言中，文件型指针是(　　)。

A. 一种字符型的指针变量　　B. 一种结构型的指针变量

C. 一种共用型的指针变量　　D. 一种枚举型的指针变量

3. 在 C 语言中，所有的磁盘文件在操作前都必须打开，打开文件函数的调用格式为“fopen(文件名，文件操作方式);”，其中文件名是要打开的文件的全名，它可以是(　　)。

A. 整型变量名、字符串常量、字符数组名

B. 整型常量、字符串变量、指向字符串的指针变量

C. 字符串常量、存放字符串的字符数组名、指向字符串的指针变量

D. 字符数组名、文件的主名、字符串变量名

4. 在 C 语言中，打开文件时，选用的文件操作方式为 wb，则下列说法中错误的是(　　)。

A. 要打开的文件必须存在　　B. 要打开的文件可以不存在

C. 打开文件后可以写入数据　　D. 要打开的文件是二进制文件

5. 若使用 fopen 函数打开一个已有文本文件，向该文件中续写文本，则文件的打开方式是(　　)。

A. a　　B. ab　　C. wb　　D. ab+

6. fscanf 函数的正确调用形式是(　　)。

A. fscanf(fp，格式字符串，输出表列)

B. fscanf(格式字符串，输出表列，fp);

C. fscanf(格式字符串，文件指针，输出表列);

D. fscanf(文件指针，格式字符串，输入表列);

7. 检查由 fp 指定的文件在读写时是否出错的函数是(　　)。

A. feof　　B. ferror　　C. clearerr(fp)　　D. ferror(fp)

8. 假定有下列程序段，其中关于 while 语句功能的正确说法是(　　)。

```
 if(((fp1=fopen("p1.c","r"))==NULL)||((fp2=fopen("p2.c", "w"))==NULL))
   exit(0);
while(feof(fp))
   fputc(fgetc(fp1),fp2);
```

A. 程序中有语法错误

B. 什么功能也没有

C. 将 p1.c 文件复制到 p2.c 中

D. 将 p2.c 文件复制到 pl.c 中

9. 关于 fwrite (buffer, sizeof(Student), 3, fp)语句描述不正确的是(　　)。

A. 将 3 个学生的数据块按二进制形式写入文件

B. 将由 buffer 指定的数据缓冲区内的 3* sizeof(Student)字节的数据写入指定文件

C. 返回实际输出数据块的个数，若返回 0 值表示写入不成功

D. 若由 fp 指定的文件不存在，则返回 0 值

10. 若 fp 为文件指针，且文件已正确打开，*i* 为 long 型变量，以下程序段的输出结果是(　　)。

```
fseek(fp, 0, SEEK_END);
i=ftell(fp);
printf("i=%ld\n", i);
```

A. –1　　B. fp 所指文件的长度，以字节为单位

C. 0　　D. 2

二、填空题

1. 在 C 程序读写文件时，文件中的数据一般以__________和__________两种编码形式存放。

2. 在 C 语言中，fopen("abc","r+")表达的含义是____________________。

3. 下列程序统计文件名为 countme.c 的文本文件中的字符数目，请为程序填写缺少的语句。

```
#include "stdio.h"
int main()
{  FILE *fp;
    long count=0;
    if((fp=fopen("countme.c","r"))==NULL)
          exit(0);
    while(!feof(fp))
           {____________________
           count++;
           }
   printf("count=%ld\n",count);
   fclose(fp);
   return 0;
}
```

4. 以下程序的功能是将文件 file1.c 的内容输出到屏幕上并复制到文件 file2.c 中。请填空。

```
# include <stdio.h>
int main( )
{  FILE_______①__________
  fp1=fopen("file1.c", "r");
  fp2=fopen("file2.c", "w");
  while(!feof(fp1))
```

```
        putchar(getc (fp1));
        ______②______
        while(!feof(fp1))
    putc__________③__________;
    fclose(fp1);
    fclose(fp2);
    return 0;
}
```

5. 以下程序中用户由键盘输入一个文件名，然后输入一串字符(用“#”结束输入)存放到此文件中形成文本文件，并将字符的个数写到文件尾部。

```
#include <stdio.h>
void main(void)
{
    FILE *fp;
    char ch,fname[32];
    int count=0;
    printf("Input the filename: ");
    scanf("%s",fname);
    if ((fp=fopen(____①____,"w+"))==NULL)
    {
    printf("Can't open file: %s \n",fname);
    exit(0);
    }
    printf("Enter data: \n");
    while ((ch=getchar())!='#') {
    ______________②______________
    count++;
    }
    fprintf(__③__,"\n%d\n",count);
    fclose(fp);
}
```

6. C 语言中文件指针定位函数是__________，文件指针位置检测函数是__________。

三、编程题

1. 请将从终端输入的字符输出到名为 abc.txt 的文件中，直到从终端读入字符“#”时结束输入和输出操作。

2. 从键盘读入 3 个 10 个字符以内的短字符串，对这 3 个字符串按英语字典排列顺序从小到大进行排序，然后把排好序的字符串送到磁盘文件中保存。

3. 已知文件 score.txt 中存放若干名学生的姓名和语文、数学、英语三门课的成绩(整数)，请编写程序统计每个学生的总分，并输出到屏幕上，每行输出一名学生的姓名和总分，格式为“姓名：总分”。假设学生人数不超过 100。

下篇　C 语言程序设计实验

实　验

实验1　C语言概述

【实验目的】

(1) 熟悉 Microsoft Visual C++ 2010 集成开发环境。

(2) 掌握C程序的基本结构、实现过程和方法。

(3) 了解C语言中注释的用法。

【实验内容】

1. 程序分析

(1) 分析如下C程序的运行结果，并在 Microsoft Visual C++ 2010 中编辑、编译、连接和运行程序，并进行比较。

```
#include <stdio.h>
int main()
{
    printf("*\n");
    printf("**\n");
    printf("***\n");
    return 0;
}
```

(2) 分析如下C程序的运行结果，并在 Microsoft Visual C++2010 中编辑、编译、连接和运行程序，并进行比较。

```
#include <stdio.h>
int main()
{
   int x,y,sum;
   x=666;
   y=222;
   sum=x+y;
   printf("sum=%d\n",sum);
   return 0;
 }
```

2. 程序改错

(1) 如下程序在屏幕上输出“确认过眼神，我就是C语言!”，请分析其错误，改正后上机调试。

```
include <stdio.h>
int MAIN()
     Printf("确认过眼神，我就是C语言!",sum)
     return  0
 }
```

(2) 如下程序从键盘上输入两个数，计算乘积，并在屏幕上输出，请分析其错误，改正后上机调试。

```
Main();
int p,l,w;
scanf("%d%d",&l,&w);
printf("The  product  of  l  and  w  is:%d",p);
p=l*w
```

3. 程序设计

(1) 编写一个程序，打印下列图形，利用调试器单步调试程序。

```
*****
 *****
   *****
```

(2) 标准的操场跑道最内圈为 400m，最外圈为 453.03m，绕操场跑两圈，最外圈比最内圈多跑多少米？

提示：定义三个 float 类型的变量 track1，track8 和 difference，分别用来存放最内圈、最外圈跑道的长度和差值，用赋值语句给 track1，track8 赋值，计算差值 difference=2*(track8−track1)；通过 printf 函数输出计算结果 difference 的值。

实验 2　数据类型、运算符与表达式

【实验目的】

(1) 掌握 C 语言各种数据类型，了解各种数据类型之间的内在关系。

(2) 掌握 C 语言的各种运算符的运算规则，学会使用表达式求值。

【实验内容】

1. 实验实例

(1) 我国居民二代身份证号码的倒数第二位若是奇数，则代表男性，若是偶数，则代表女性，所以可以根据身份证号码来判断性别。

【问题分析】根据身份证号码倒数第二位数来判断性别，需要把这个数分离出来，这个方法后续章节会学到。现在假设这个数是通过键盘输入的，从键盘输入任意一个 0～9 的整数，判断该数的奇偶性。判断奇偶性即判断一个数能否被 2 整除，可以用“%”运算符，结合三目运算符“?:”的使用，则可以顺利解决这个问题。

【参考程序】

```
#include <stdio.h>
int main()
{
    int id;                /*身份证号码倒数第二位定义为变量 id*/
    scanf("%d",&id);   /*给变量 id 输入值*/
    id%2==0?printf("female"):printf("male");/*id 是偶数输出"female", 奇数则输
                                                 出"male"*/

    return 0;
}
```

(2) 为了能有效地使用电力资源，我国供电部门鼓励居民使用“峰谷”电，每天 8:00～22:00 用电每千瓦时 0.59 元(“峰电”价)，每天 22:00 至次日 8:00 每千瓦时 0.32 元(“谷电”价)。小明家使用“峰谷”电后，一月份“峰电”用电量为 212kW·h，“谷电”用电量为 124kW·h，则小明家该月该缴纳多少电费?

【问题分析】电费是家家户户都会遇到的问题。现在的电价有两挡，算起来比以前稍复杂点。电价是不变的数，可以定义为常量。定义两个常量，表示峰谷的电价，定义 3 个变量，表示峰谷的用电量和总电费。峰时的电价*电量就是峰时的电费，谷时的电价*电量就是谷时的电费，加起来就是总电费。本题主要用到常量定义这个知识点。

【参考程序】

```
#include <stdio.h>
int main()
#define PEAK 0.59f              /*定义常量峰价*/
#define VALLEY 0.32f            /*定义常量谷价*/
{
    float power1,power2,fee;  /*定义变量电量、电费*/
    power1=212;
    power2=124;
    fee=PEAK*power1+VALLEY*power2;
    printf("fee=%f\n",fee);
    return 0;
}
```

2. 程序设计

(1) 今年春节你抢了多少红包呀? 随便拿两个出来算算它们的平均值。请编写一个程序计算。

(2) 手机屏幕大小通常指的是屏幕对角线的长度，而且用英寸来表示，请编写一个程序把英寸转换成厘米。

提示：1 英寸=2.54 厘米。

(3) 随着生活水平的不断提高，人们都喜欢在家里摆上一个鱼缸或水族箱来养一些观赏鱼提高生活品质和乐趣。要把一个长 1.2m，宽 0.6m，高 2dm 的长方体鱼缸放在客厅里，这个鱼

缸的占地面积是多少呢，要占多大空间呢？

(4) 编写一个程序，交换两个变量的值。

(5) 有一个直角三角形的花坛，两直角边长分别为 20m，15m，沿着花坛走一圈约是多少米？

提示：本题要用勾股定理求斜边，开平方要调用平方根函数 sqrt，而使用该函数必须要在程序的开头包含数学函数头文件#include <math.h>。

实验 3 顺序结构程序设计

【实验目的】

(1) 掌握 C 语言中使用最多的一种语句——赋值语句的使用方法。

(2) 掌握各种类型数据的输入/输出方法，能正确使用各种格式转换符。

(3) 进一步掌握编写程序和调试程序的方法。

【实验内容】

1. 程序分析

(1) 分析如下程序的执行结果。

```
#include <stdio.h>
int main()
{
     int a,b;
     float d,e;
     char c1,c2;
     double f,g;
     long m,n;
     unsigned int p,q;
     a=61;b=62;
     c1='a';c2='b';
     d=3.56;e=-6.87;
     f=3157.890121;g=0.123456789;
     m=50000;n=-60000;
     p=32768;q=40000;
     printf("a=%d,b=%d\nc1=%c,c2=%c\nd=%6.2f,e=%6.2f\n",a,b,c1,c2,d,e);
     printf("f=%15.6f,g=%15.12f\nm=%ld,n=%ld\np=%u,q=%u\n",f,g,m,n,p,q);
     return 0;
}
```

将程序第 11～15 行修改为

```
c1=a;c2=b;
f=3157.890121;g=0.123456789;
d=f;e=g;
```

```
p=a=m=50000;q=b=n=-60000;
```

分析程序运行结果。

(2) 在下列程序中，要使 a=15，b=25，x=5.55，y=2.6，c_1= 'M'，c_2= 'N'，从键盘上如何输入这些数据？

```
#include <stdio.h>
int main()
{
    int a,b;
    float x,y;
    char c1,c2;
    scanf("%d%c%f\n",&a,&c1,&x);
    scanf("b=%d,y=%f,c2=%c",&b,&y,&c2);
    printf("a=%10d,b=%-10d\n",a,b);
    printf("x=%f,y=%f\n",x,y);
    printf("c1=%c,c2=%c\n",c1,c2);
    return 0;
}
```

2. 程序改错

(1) 下列程序的功能：从键盘上输入任意两个整数，求其和。

```
#include <stdio.h>
int main()
{
    int x,y;
    scanf("%f%f",&x,&y);
    printf("%d+%d=%d",x+y);
    return 0;
}
```

(2) 下列程序的功能：从键盘上输入一个小写字母，将其转换成大写字母输出。

```
#include <stdio.h>
int main()
{
    char x,y;
    getchar(x);
    y=x-32;
    putchar(x);
    putchar(":");
    putchar(y);
    return 0;
}
```

3. 程序设计

(1) 编程从键盘上输入两个整数，互换后输出。
(2) 编程输入任意一个三位数，将其各位数字反序后输出，如输入 123，输出 321。
(3) 编程将大写字母转换成小写字母。

实验 4　选择结构程序设计

【实验目的】

(1) 掌握关系运算和逻辑运算的应用。
(2) 熟练运用 if 语句和 switch 语句解决实际问题。
(3) 掌握选择结构的嵌套及执行过程。

【实验内容】

1. 程序分析

(1) 分析下面程序的运行结果及功能。

```
#include <stdio.h>
int main()
{
     int a,b,c;
     scanf("%d%d%d",&a,&b,&c);
     if(a*a+b*b==c*c||a*a+c*c==b*b||b*b+c*c==a*a)
          printf("Yes\n");
     else
          printf("No\n");
     return 0;
}
```

① 假设输入 4 5 3，则输出什么？
② 如果将第 6 行的所有“||”运算符改为“&&”，仍输入 4 5 3，此程序将输出什么？
(2) 分析下面程序的运行结果，理解如何判定单个变量的逻辑值。

```
#include <stdio.h>
int main()
{
     int a=0,b=1,x=2;
     if(!a)x-=1;
     if(b)x-=2;
     if(x)x-=3;
     printf("%d",x);
     return 0;
}
```

(3) 分析下面的程序，回答相关问题。

```
#include <stdio.h>
int main()
{
     int x=0,y=8;
     if(x<0) y=x;
     else if(x==0)
           y=x+7;
     else if(0<x&&x<8)
           y=x+9;
     else y=x+11;
     printf("y=%d",y);
     return 0;
}
```

① 该程序的运行结果是什么?

② 若将“else if(0<x&&x<8)”修改为“if(0<x&&x<8)”，该程序运行结果将是什么?

(4) 分析下面程序的运行结果。

```
#include <stdio.h>
int main()
{
     int a=1,b=0;
     switch(a)
     {
         case 1:switch(b)
                 {
                         case 0:printf("0");
                         case 1:printf("1");
                 }
         case 2:printf("2");
     }
     return 0;
}
```

① 该程序的运行结果是什么?

② 第 9 行末尾添加 break 语句，程序的运行结果将是什么?

③ 第 9 行、第 10 行、第 12 行末尾都添加 break 语句，程序的运行结果将是什么?

④ 仅在第 11 行末尾添加 break 语句，程序的运行结果将是什么?

2. 程序改错

(1) 请修改下面程序的错误，使之能正确运行。

```
#include <stdio.h>
```

```
int main()
{
      int a=3,b=5,t;
      if(a<b)t=a;a=b;b=t;
      else t=a+b;
      return 0;
}
```

(2) 下面的程序判断某个整数是否为素数，是素数输出 Yes，否则输出 No，请修改程序得出正确的运行结果。

```
#include <stdio.h>
int main()
{
      int i,n;
      scanf("%d",&n);
      for(i=1;i<n;i++)
            if(n%i==0)
            {
                 printf("No");
                 break;
            }
            else
                 printf("Yes");
      return 0;
}
```

(3) 下面的程序判断三个正整数能否构成一个三角形三条边长，如果能，输出该三角形的面积。请改正程序中的错误，使其能运行出正确的结果。

```
#include <stdio.h>
#include <math.h>
int main()
{
      int a,b,c;
      double s,area;
      scanf("%d%d%d",&a,&b,&c);
      if(a+b>c||a+c>b||b+c>a)
      {
            printf("These numbers can be composed a triangle!\n");
            s=(a+b+c)/2;
            area=sqrt(s*(s-a)*(s-b)*(s-c));
            printf("%lf\n",area);
      }
      else
            printf("These numbers cannot be composed a triangle!\n");
```

```
    return 0;
}
```

3. 程序设计

(1) 编写程序，输入三个整数，输出绝对值最大的数，若绝对值相同，认为先出现的数字大。

三组测试数据如下，请分别运行、测试。

```
输入用例：1 2 3          预期输出：3
输入用例：-2 2 1         预期输出：-2
输入用例：3-5 4          预期输出：-5
```

(2) 编写程序，输入一个字母，若其为小写字母，将其转换成大写字母并输出；否则按原样输出。

三组测试数据如下，请分别运行、测试。

```
输入用例：a              预期输出：A
输入用例：D              预期输出：D
输入用例：3              预期输出：3
```

(3) 编写程序，输入一个字符，如果是字母则将其向后移动 5 位输出(26 个字母循环变化，如 Z 的下一位为 A)，否则按原样输出。

三组测试数据如下，请分别运行、测试。

```
输入用例：a              预期输出：f
输入用例：Y              预期输出：D
输入用例：3              预期输出：3
```

(4) 快递包裹的费用根据包裹的重量收取，低于 1kg 收取 10 元，高于 1kg，高出部分每千克收取 2 元，不足 1kg 的按 1kg 计算。编写程序，输入包裹的重量，输出快递该包裹需要缴纳的费用。

三组测试数据如下，请分别运行、测试。

```
输入用例：0.5            预期输出：10
输入用例：1.5            预期输出：12
输入用例：3              预期输出：14
```

(5) 某企业的年终奖金按照销售团队当年所获得的利润提成，当利润低于或等于 10 万元时，按利润的 10%提成作为奖金；当利润在 10 万元到 20 万元(含)之间时，10 万元以内的部分按 10%提成，高于 10 万元的部分按 7.5%提成；利润在 20 万元到 40 万元(含)之间时，高于 20 万元的部分按 5%提成；利润在 40 万元到 60 万元之间时，高于 40 万元的部分，可按 3%提成；利润在 60 万元到 100 万元之间时，高于 60 万元的部分，按 1.5%提成；利润高于 100 万元时，超过 100 万元的部分按 1%提成。编写程序，从键盘输入当年利润，输出应发放的奖金总数。

五组测试数据如下，请分别运行、测试。

```
输入用例：100000        预期输出：10000
输入用例：150000        预期输出：13750
输入用例：250000        预期输出：20000
输入用例：550000        预期输出：32000
输入用例：600000        预期输出：33500
输入用例：800000        预期输出：36500
输入用例：2000000       预期输出：49500
```

4. 思考题

(1) switch 语句中如果没有 break 语句能否真正起到分支作用？

(2) 养成什么样的编程习惯，才能尽可能减少误将关系运算符“==”写成赋值运算符“=”。

(3) 花括号{}在 if-else 语句中起到什么作用，是必需的吗？

实验 5　循环结构程序设计

【实验目的】

(1) 熟练掌握 for 语句、while 语句、do-while 语句的格式及使用方法。

(2) 练习 break 语句和 continue 语句在循环结构中的应用。

(3) 掌握常用算法，体验各种算法的编程技巧。

(4) 学会运用单重循环、二重循环结构解决实际问题的一般方法。

【实验内容】

1. 程序分析

(1) 分析下面程序的功能。假设输入为 1234，则输出结果是什么？

```
#include <stdio.h>
int main()
{
     int n,sum=0;
     printf("please input a positive integer:");
     scanf("%d",&n);
     while(n!=0)
     {
            sum=sum+n%10;
            n=n/10;
     }
    printf("sum=%d\n",sum);
    return 0;
}
```

(2) 分析下面的程序，假设输入-1 1 2 3 4 0，则输出是什么？描述该程序的功能。

```
#include <stdio.h>
```

```
int main()
{
    int n,sum=0;
    do
    {
        scanf("%d",&n);
        sum=sum+n*n;
    }while(n!=0);
    printf("sum=%d\n",sum);
    return 0;
}
```

(3) 分析下面的程序，描述其功能，验证程序的运行结果。若删除第 7 行的语句“sum=0;”，结果有何变化？分析原因。

```
#include <stdio.h>
int main()
{
    int i,n,sum=0;
    for(n=4;n<10000;n++)
    {
        sum=0;
        for(i=1;i<=n/2;i++)
            if(n%i==0)
                sum+=i;
        if(sum==n)
            printf("%d\n",n);
    }
    return 0;
}
```

(4) 分析以下程序的功能。

```
#include <stdio.h>
int main()
{
    char ch,count=0;
    while((ch=getchar())!='\n') count++;
    printf("count=%d\n",count);
    return 0;
}
```

2. 程序改错

(1) 假设有一张无限大且可无限对折的纸，每折一次厚度增加一倍，那么对折多少次后，其厚度可达珠穆朗玛峰的高度(8848m)，一张纸的厚度设定为 0.08mm。以下程序实现该功能，输出为理论上的对折次数，程序有错误，请将其修改正确。

```
#include <stdio.h>
int main()
{
    int count=0,height=0.08;
    while(height<8848);
    {
        height+=2;
        count++;
    }
    printf("count=%d\n",count);
    return 0;
}
```

(2) 以下程序的功能是：输入一些整数，分别统计其中正数和负数的个数，输入 0 时结束。该程序有逻辑错误，请将其修改正确。

```
#include <stdio.h>
int main()
{
    int n,countPos,countNeg;
    scanf("%d",&n);
    while(n!=0)
    {
        scanf("%d",&n);
        if(n>0)
            countPos++;
        else
            countNeg++;
    }
    printf("countPos=%d,countNeg=%d\n",countPos,countNeg);
    return 0;
}
```

(3) 以下程序的功能是：计算 1～1000 中含有 8 的数字个数。请分析程序，找出程序中存在的错误并进行修改。

```
#include <stdio.h>
int main()
{
    int n,temp,count=0;
    for(n=1;n<1000;n++)
    {
        temp=n;
        while(temp%10=8)
```

```
        {
            count++;
            temp=temp%10;
            continue;
        }
    }
    printf("There are %d numbers who contain the digit 8 in 1~1000!\n",count);
    return 0;
}
```

(4) 以下程序的功能是：输入一行字符，分别统计出其中的英文字母、数字、空格和其他字符的个数。程序有错误，请修改得出正确运行结果。

```
#include <stdio.h>
int main()
{
    char ch;
    int countAlphabet=0,countDidit=0,countSpace=0,countElse=0;
    ch=getchar();
    while(ch!='.')
    {
        if(ch>='a'&&ch<='z'&&ch>='A'&&ch<='Z')countAlphabet++;
        if(ch>=0&&ch<=9)countDidit++;
        if(ch==' ')countSpace++;
        else countElse++;
        ch=getchar();
    }
    printf("countAlphabet=%d\ncountDidit=%d\ncountSpace=%d\ncountElse=%d\
n",countAlphabet,countDidit,countSpace,countElse);
    return 0;
}
```

3. 程序设计

(1) 体操、跳水等比赛项目中，*N*个裁判给出*N*个分数，去掉一个最高分，去掉一个最低分，取剩余分数的平均值作为运动员的成绩。编写程序，输入*N*和*N*个分数，输出运动员的最终成绩。

三组测试数据如下，请分别运行、测试。

```
输入用例：5  90 80 100 100 85      预期输出：91.67
输入用例：5  90 90 90 90 90        预期输出：90
输入用例：6  83 78 90 89 87 93     预期输出：87.25
```

(2) 输入一串由字母和数字组成的符号，输出其中的数字，以“.”结束输入。

三组测试数据如下，请分别运行、测试。

```
输入用例：hello123.              预期输出：123
输入用例：123hello.              预期输出：123
输入用例：h1e1llo3.              预期输出：123
```

(3) 编写程序，求出一个整数的所有素数因子。
三组测试数据如下，请分别运行、测试。

```
输入用例：20                     预期输出：2  5
输入用例：328                    预期输出：2  41
输入用例：583                    预期输出：11  53
```

(4) 4位同学中有一位做了好事未留名，收到表扬信之后，校长问这4人是谁做的好事。A说，不是我。B说，是C。C说，是D。D说，C胡说。已知只有一人说的是假话，请编写程序找出做好事的人。

(5) 编程实现一个猜数字游戏。游戏规则为：计算机随机生成一个小于1000的正整数，由游戏者猜，计算机提示所猜数字与待猜数的关系(大、小、相等)，记录游戏者猜对该数字所用的次数并输出结果。

提示：C语言中使用rand函数生成一个随机数。使用方法如下：

```
#include <stdlib.h>
#include <time.h>  //需包含这两个头文件
srand((unsigned)time(NULL));     //初始化随机数种子，以便每次产生的随机数不同
computerNumber=rand()%1000;      //生成一个0～1000的随机数
```

以下是程序执行的一个过程：

```
Please input your guess number:100
Unfortunately,the number is smaller than the correct number
Please input a number again:500
Unfortunately,the number is larger than the correct number
Please input a number again:300
Unfortunately,the number is larger than the correct number
Please input a number again:200
Unfortunately,the number is larger than the correct number
Please input a number again:150
Unfortunately,the number is larger than the correct number
Please input a number again:125
Unfortunately,the number is larger than the correct number
Please input a number again:112
Unfortunately,the number is smaller than the correct number
Please input a number again:118
Unfortunately,the number is larger than the correct number
Please input a number again:115
Unfortunately,the number is larger than the correct number
Please input a number again:113
```

```
Unfortunately,the number is smaller than the correct number
Please input a number again:114
Congratulations! The number is correct after 11 attempts!
try again?(1/0) 0
```

4. 思考题

(1) 如何才能正确地判断出循环体执行次数，需要注意哪些事项?

(2) break 语句在哪些情况下使用可以简化编程?

实验 6　函　　数

【实验目的】

(1) 掌握定义函数的方法。

(2) 掌握函数实参与形参的对应关系，以及值传递的方式。

(3) 掌握函数的嵌套调用和递归调用的方法。

(4) 掌握全局变量和局部变量、动态变量、静态变量的概念和使用方法。

【实验内容】

1. 程序分析

(1) 分析下列程序的运行结果。

```
#include <stdio.h>
unsigned fun(unsigned num)
{
   unsigned k=1;
   do
   {
      k*=num%10;
      num/=10;
   }while(num);
   return k;
}
int main()
{
   unsigned n=26;
   printf("%d\n",fun(n));
   return 0;
}
```

(2) 分析下列程序的运行结果。

```
#include <stdio.h>
```

```
int ff(int n)
{
    static int f=1;
    f=f*n;
    return f;
}
int main()
{
    int i;
    for(i=1;i<=5;i++)
        printf("%d",ff(i));
    return 0;
}
```

(3) 将第(2)题所给的程序中的语句“static int f=1;”改为“int f=1;”，其他不变，分析程序的运行结果。

2. 程序改错

改正如下 C 程序的错误，使之能正确运行。以下程序的功能为：主函数 main 从键盘读入两个浮点数(float 类型)，调用函数 sum，求两个数之和。函数 sum 返回两个参数的和。

```
sum(float x,y)
{   float z;
    z=x+y;
    return;
}
int main()
{
    float a,b;
    int c;
    scanf("%f,%f",&a,&b);
    c=sum(a,b);
    printf("\nSum is %f",sum);
    return 0
}
```

3. 程序设计

(1) 下面的程序实现由键盘读入整数 n,计算并输出 $n!$,请补充完整计算阶乘的函数 fanc。

提示:在函数 fanc 中,变量 a 是形参,保存主调函数传送的实参值,函数应该实现 1*2*3*…*a 并返回。

```
#include <stdio.h>
long fanc(int a)
{
```

```
}
int main()
{
    int n;
    printf("please input a int:\n");
    scanf("%d", &n);
    printf("\n%d!=%ld\n",n,fanc(n));
    return 0;
}
```

(2) 用辗转相除法求最大公约数。

辗转相除法求最大公约数的算法如下：设两个整数为 *U* 和 *V*，使大者 *U* 为被除数；计算 *U* 除以 *V* 所得的余数，用变量 *r* 保存(即 *r*=*U*%*V*)；当 *r* 不等于 0 时开始循环。

```
{
    U=V;
    V=r;
    计算 U 除以 V 所得的余数，用变量 r 保存(即 r=U%V);
}
返回 V;
```

下面是使用辗转相除法求最大公约数的程序，函数 *f* 只要使用循环语句正确计算适当的 *n* 值并返回即可。请补充完整程序中函数 *f* 的定义。

```
#include "stdio.h"
int f(int m, int n)
{

}
int main()
{
    int a, b;
    printf("please input two int:\n");
    scanf("%d%d", &a, &b);
    printf("The result is %d\n", f(a, b));
    return 0;
}
```

(3) 从键盘读入 10 个整数，输出显示最大值与最小值。

该程序的功能是：函数 max 定义为 int max(int *a*,int *b*)，作用是返回两个参数中的最大值；函数 min 定义为 int min(int *a*,int *b*)，作用是返回两个参数中的最小值；主函数 main 使用循环从键盘读入 10 个整数，调用函数 max 和 min，判断最大值和最小值并输出。

注意：不要使用数组。

(4) 计算组合数。

在总数为 n 的对象中，任意取 p 个对象组合成不同的一组，不同的组数称为组合数，可用 $C(p,n)$来表示，其中 $p \leqslant n$。写一个程序，在给出 n 和 p 的情况下，计算并输出组合数 $C(p,n)$。

提示：$C(p,n)=p!/n!/(n-p)!$，其中 $n!$表示 1*2*3*…*n。

(5) 计算正整数中零的个数。

编写程序，用递归法计算一个十进制正整数 n 中 0 的个数。例如，输入 12004，应输出 2；输入 12345，应输出 0。n 的位数不确定，可以是任意的正整数。

计算一个十进制正整数 n 中 0 的个数的函数可以参考如下：

```
int count(int n)
{
    if(n>=0&&n<=9)
         return n==0?1:0;
    else
         return count(n/10)+count(n%10);
}
```

实验 7　数　　组

实验 7.1　一维数组

【实验目的】

(1) 掌握一维数组定义、赋值和输入/输出的方法。

(2) 掌握一维数组作为函数参数的用法。

(3) 掌握与一维数组相关的算法。

【实验内容】

1. 程序分析

(1) 分析下面程序实现的功能及运行结果。

```
#include <stdio.h>
#define N 10
int main()
{
     int a[N]={1,3,5,7,9,11,13,15,17,19},i,temp;
     for(i=0;i<N/2;i++)
          {temp=a[i];a[i]=a[N-i-1];a[N-i-1]=temp;}
     for(i=0;i<N;i++) printf("%d  ",a[i]);
     return 0;
}
```

(2) 分析下面程序实现的功能及运行结果。

```
#include <stdio.h>
```

```
int main()
{
    int arr[6]={1,3,5},i,j=4;
    for(i=0;i<=j;i++) arr[i]++;
    for(i=0;i<=j;i++) printf("%d ",arr[i]);
    return 0;
}
```

(3) 分析下面程序实现的功能及运行结果。

```
#include <stdio.h>
#define N 8
void fun(int a[],int j,int k)
{
     int i;
     for(i=k;i>j;i--)
          a[i]=a[i-1];
}
int main()
{
     int i,array[N]={8,7,6,5,4,3,2,1};
     fun(array,2,7);
     for(i=0;i<N;i++)
          printf("%d ",array[i]);
     return 0;
}
```

(4) 分析下面程序实现的功能及运行结果。

```
#include <stdio.h>
void index(int a[],int n)
{
     int i,j,t;
     for(i=0;i<n-1;i++)
          for(j=i+1;j<n;j++)
               if(a[i]<a[j])
                         {t=a[i];a[i]=a[j];a[j]=t;}
int main()
{
     int b[8]={1,3,5,7,9,11,13,15},i;
     index(&b[2],5);
     for(i=0;i<8;i++)
           printf("%d",b[i]);
     printf("\n");
     return 0;
}
```

2. 程序改错

改正下列 C 语言程序中的错误，使之能正确运行。

(1) 下列程序的功能是：任意输入 12 个整数，按每行 4 个数输出这些整数。试找出程序中的错误，并加以修改，然后上机验证修改结果。

```
#include <stdio.h>
int main()
{
      int i,a[12];
      for(i=0;i<=12;i++)
           scanf("%d",a[i]);
      for(i=0;i<=12;i++)
      {
            printf("%d",a[i]);
            if(i%4==0)
                  printf("\n");
      }
      return 0;
}
```

(2) 以下程序的功能是处理 Fibonacci 数列问题。试找出程序中的错误，并加以修改，然后上机验证修改结果。

```
#include <stdio.h>
int main()
{
      int i,f[20]={1,1};
      for(i=1;i<=20;i++)
          f[i]=f[i-2]+f[i-1];
      for(i=1;i<=20;i++)
      { if(i%5=0) printf("\n");
           printf("%12d",f[i]);
      }
      printf("\n");
      return 0;
}
```

3. 程序设计

(1) 输入 1 个十进制正整数，输出它对应的二进制数。

提示：正整数转换成二进制数的方法为除 2 取余，直到所得的商为 0，二进制数即得到的余数的逆序形式。

(2) 班级举办演讲比赛，6 个评委打分，参赛选手的最终得分为去掉一个最高分和一个最低分后所得的平均分。

实验 7.2　二维数组与字符数组

【实验目的】

(1) 掌握二维数组定义、赋值和输入/输出的方法。

(2) 掌握字符数组的定义、赋值和输入/输出及常用的串函数的使用方法。

(3) 掌握与二维数组有关的算法。

【实验内容】

1. 程序分析

(1) 分析下面程序实现的功能及运行结果。

```
#include <stdio.h>
int main()
{
    int a[4][4]={{0,1,2,3},{4,5,6,7},{8,9,10,11},{12,13,14,15}};
    int i,s=0;
    for(i=0;i<4;i++) s+=a[i][i];
    printf("%d\n",s);
    return 0;
}
```

(2) 分析下面程序实现的功能及运行结果。

```
#include <stdio.h>
int main()
{
    int a[4][4]={{0,1,2,3},{4,5,6,7},{8,9,10,11},{12,13,14,15}};
    int i,j,s=0;
    for(i=1;i<4;i++)
          for(j=0;j<=i;j++) s+=a[i][j];
    printf("%d\n",s);
    return 0;
}
```

(3) 分析下面程序实现的功能及运行结果。

```
#include <stdio.h>
int main()
{
    char s[10]={"12a3456"};
    int i,n=0;
    for(i=1;s[i]>='0'&&s[i]<='9';i+=3)
         n=10*n+s[i]-'0';
    printf("%d\n",n);
    return 0;
```

```
}
```

(4) 分析下面程序实现的功能及运行结果。

```
#include <stdio.h>
int f(char str[][5])
{
   int count=0,i;
   for(i=0;i<12;i++)
     if(str[i][1]=='u') count++;
   return count;
}
int main()
{
   char
   w[][5]={"Jan","Feb","Mar","Apr","May","Jun","Jul","Aug","Sep","Oct",
   "Nov","Dec"};
   printf("%d\n",f(w));
   return 0;
}
```

2. 程序改错

改正下列C语言程序中的错误，使之能正确运行。

(1) 以下程序的功能是：对一个3×4的矩阵，找出其中值最大的那个元素的值，以及其所在的行号和列号。请更正程序中的错误，使它能输出正确的结果。

```
#include <stdio.h>
int main()
{
     int i,j,row=0,col=0,max;
     int arr[3][4]={{1,2,3,4},{5,7,9,10},{-5,-8,15,6}};
     max=a[1][1];
     for(i=1;i<=3;i++)
          for(j=1;j<=4;j++)
               if (a[i][j]>max)
                    {
                     max=a[i][j];
                     row=i;
                     col=j;
                    }
     printf("max=%d,row=%d,colum=%d\n",max,row,col);
     return 0;
}
```

(2) 以下程序可用于密码验证，当用户输入666666时，输出“Right!”，否则输出“Error!”。

请更正程序中的错误，使它能输出正确的结果。

```
#include <stdio.h>
int main()
{
    char s[6],p[]="666666";
    gets(s);
    if(s==p)
          printf("Right!");
   else
          printf("Error!");
  return 0;
}
```

3. 程序设计

(1) 输入一个 3×4 的矩阵，输出其各行和各列的和。
(2) 输入一行字符，统计其中单词的个数，单词之间用空格分隔。

实验 8　编译预处理

【实验目的】

(1) 掌握宏的定义与调用。
(2) 掌握文件包含的概念与使用方法。
(3) 掌握条件编译的使用方法。

【实验内容】

1. 程序分析

(1) 阅读下面的程序，请回答问题。

```
#include <stdio.h>
#define N 5
#define M N+1
#define f(x) (x/M)  /*带参宏 f*/
int main()
{
   int i1,i2;
   i1=f(2);       /*语句 1*/
   i2=f(1+1);     /*语句 2*/
   printf("%d %d\n",i1,i2);
   return 0;
}
```

① 语句 1 和语句 2 分别是如何执行的?
② 程序的运行结果是什么?
③ 若带参宏定义改为“#define *f*(*x*) (*x*)/(*M*)”，则程序的运行结果是什么?
(2) 阅读下面的程序，请回答问题。
头文件 f.h 的代码如下：

```
#define sw(x,y) {x=x+y; y=x-y; x=x-y;}
#include <stdio.h>
```

源程序 f.cpp 的代码如下：

```
#include "f.h"  /*语句1*/
int main()
{
     int a=3,b=5;
     sw(a,b);
     printf("%d,%d\n",a,b);
     return 0;
}
```

① 语句 1 在编译时是如何处理的?
② 程序的运行结果是什么?
(3) 阅读并分析下面的程序，请写出程序的运行结果。

```
#include <stdio.h>
int main()
{
     int num1=6,num2=4,num3=0;
#ifdef DEBUG
     num3=num1/num2;
     printf("num3=%d\n",num3);
#endif
     printf("num3=%d\n",num3);
     return 0;
}
```

2. 程序改错

(1) 请找出以下程序的错误，并进行修改。

```
#include <stdio.h>
#define X 5;
#define Y X*2
int main()
{
     int a;
```

```
    a=Y;
    printf("%d\n",a);
    return 0;
}
```

(2) 请找出以下程序的错误，并进行修改。

```
#include <stdio.h>
#define SUM(x) x+y
int main()
{
    int a=2,b=3,s;
    s=SUM(a,b);
    printf("%d\n",s);
    return 0;
}
```

3. 程序设计

(1) 定义两个带参数的宏，一个宏用来求长方形的面积，另一个宏用来求长方形的周长。编写程序，要求从键盘上输入长方形的长和宽，调用宏分别计算长方形的周长和面积并输出。

(2) 要求编写头文件 computemax.h，在该文件中定义一个带参宏，该宏用于计算三个数的最大值。编写程序 computemax.cpp，在该源程序中，输入三个整数，调用头文件 computemax.h 中所定义的宏，输出最大值。

(3) 用条件编译方法来编写程序。输入一行电报文字，可以任选两种输出方式进行编译：一种输出方式为英文字母全为小写字母；另一种输出方式为英文字母全为大写字母。用#define 命令控制英文字母进行何种变换。例如，#define CHANGE 1 则输出英文字母全为大写字母，#define CHANGE 0 则输出英文字母全为小写字母。

实验 9　指　针

【实验目的】

(1) 掌握指针与数组、指针与字符串、字符串与数组、指针与函数的关系。

(2) 掌握指针、字符串、数组和函数应用程序设计的一般方法和调试方法。

(3) 能够综合运用指针、数组、字符串和函数及各种控制结构解决简单的和一定难度的实际应用问题。

【实验内容】

1. 程序分析

下面的程序是对 10 个人的年龄数据进行简单的处理。

```
#include "stdio.h"
int main()
```

```
{
     int i,age[10],*maxage,*minage;
     printf("\nplease input age as below:\n");
     for(i=0;i<10;i++)
          scanf("%d",age+i);
     maxage=age;
     minage=&age[0];
     for(i=0;i<10;i++)
     {
          if(age[i]>*maxage) maxage=&age[i];
          if(*(age+i))<*pmin) pmin=age+i;
     }
     printf("\ndiff=%d\n",*maxage-*minage);
     return 0;
}
```

(1) 执行上面的程序，若输入：45 65 23 67 43 58 60 15 70 52，请分析执行结果。

(2) 如果把上面程序中的 int 型的指针变量 maxage，minage 改为 int 型的普通变量，请试着修改程序，让修改后的程序在相同输入下可以得到和原程序相同的输出结果。

2. 程序改错

有 8 个不等长的二进制编码,依次为 1、10、101、1010、10101、101010、1010101、10101010。下面的程序把这 8 个编码依次连接，构成一个总字符串，并记录每个编码在串中的开始位置，当需要某个编码时，给出这个编码的序号后就可以快速取出。

```
#include "stdio.h"
int main()
{
     int i,j,no;
     //定义字符指针变量并初始化
    char *CodeString="110101101010101101010101010110101010";
    char CodeAddr[8];   //定义字符指针数组
    char Code[9];       //定义字符数组
    //下面的循环把每个编码在总串中的位置保存在指针数组元素中
    for(j=i=0;i<8;i++)
    {
         j=j+i;
         CodeAddr[i]=CodeString+j;
    }
    printf("\nPlease input the number(1-8):\n");
    scanf("%d",&no);    //输入要取第几个编码的序号
    //下面的循环取出需要的编码存放在 Code 数组中
    for(i=0;i<no;i++)
         Code[i]=CodeAddr[no-1]++;
    printf("\nNo. %d code is %s\n",no,Code);//以字符串格式输出 Code 数组内容
```

```
    return 0;
}
```

上面所给的程序中存在错误，请修改程序，使程序能够正确执行，并且若输入 1 则输出 No. 1 code is 1、若输入 2 则输出 No. 2 code is 10、若输入 3 则输出 No. 3 code is 101，以此类推。

3. 程序设计

有一批学生的体重数据需要处理。要求定义一个输入函数 InputWeight 实现体重数据的录入，并以 999 为体重录入的结束标志，main 函数调用 InputWeight 函数后能获得体重表和有效体重个数，并调用 OutputWeight 函数输出原始体重表；然后 main 函数再调用 Sortweight 函数对体重表按非递减方式排序，再调用 OutputWeight 函数输出排序后的体重表；最后 main 函数接收一个新体重数据，调用 InsertWeight 函数把新增的这个体重数据插入排序后的体重表中并保持有序，最后调用 OutputWeight 函数输出插入新体重数据后的体重表。

请定义和调用相关函数时遵循下列要求：

(1) 输入函数 InputWeight 的形参—用数组形式，调用该函数时用体重数组名作为实参—进行参数传递；

(2) 输出函数 OutputWeight 的形参—用数组形式，调用该函数时用指向体重数组基地址的指针变量作为实参—进行参数传递；

(3) 排序函数 SortWeight 的形参—用指针变量形式，调用该函数时用体重数组名作为实参—进行参数传递；

(4) 插入函数 InsertWeight 的形参—用指针变量形式，调用该函数时用指向体重数组基地址的指针变量作为实参—进行参数传递。

实验 10　结构体与共用体

【实验目的】

(1) 掌握结构体类型变量或数组的定义和使用方法。

(2) 理解共用体类型的基本概念。

【实验内容】

1. 程序分析

(1) 运行下列程序，观察结构体变量各成员值，并做出分析。

```
#include <stdio.h>
struct  student
{
     char  name[20];
     long  num;
     char  sex;
     int  age;
```

```
    int  score;
};
int  main()
{
    struct  student  stu1={"zhangsan", 200023, 'M', 21, 90};
    printf("%ld,%s,%c,%d,%d \n", stu1.num, stu1.name, stu1.sex, stu1.age,
    stu1.score);
    return 0;
}
```

(2) 运行下列两个程序，观察运行结果，并分析原因。

```
① #include <stdio.h>
int  main()
{
    struct  sample
    {
        char  ch[10];
        float  f;
    } s;
    printf("%d, %d\n", sizeof(s.ch), sizeof(s.f));
    printf("%d\n", sizeof(s));
    return 0;
}
② #include <stdio.h>
int main()
{
    union sample
    {
        char  ch[10];
        float  f;
    } s;
    printf("%d, %d\n", sizeof(s.ch), sizeof(s.f));
    printf("%d\n", sizeof(s));
    return 0;
}
```

(3) 运行下列程序，观察运行结果，并做出分析。

```
#include <stdio.h>
union  u
{
    int  i;
    char  c;
}t;
int  main()
```

```
{
    printf("%d\n", sizeof(t));
    t.i=266;
    printf("%d\n", t.c);
    return 0;
}
```

2. 程序改错

改正如下C语言程序的错误，使之能正确运行。

```
#include <stdio.h>
struct student
{
     int num;
     float score;
}
int main()
{
     num=12001;
     score=86.5;
     num=12003;
     score=92;
     printf("%d,%f", a.num, a.score);
     printf("%d,%f", b.num, b.score);
     return 0;
}
```

3. 程序设计

编写一个排序函数sort，其功能是按分数由低到高排列10名学生的信息，其中学生信息由学号和成绩组成(要求：各学生信息由键盘输入)。

实验11　位　运　算

【实验目的】

(1) 了解位运算符及含义。

(2) 掌握位运算符的功能。

【实验内容】

1. 程序分析

分析以下程序的执行结果。

```
#include <stdio.h>
```

```
int main()
{
     int x;
     scanf("%o",&x);
     x=x<<4;
     x=x|15;
     printf("%o,%d\n",x,x);
     return 0;
}
```

(1) 输入为 77，则输出的结果是什么？

(2) 输入为 17000000000，则输出的结果是什么？

2. 程序改错

以下程序为编写函数求一个十进制数的二进制形式中 1 的个数。请改正程序中的错误，使之能正确运行。

```
#include <stdio.h>
int bitnum(int a)
{
      int n=1,count=0;
      while(n<32)
      {
          b=a|1;
          if(b==1)
               count++;
          a=a>>1;
      }
      return count;
}
int main()
{
      int a,num;
      printf("please input a:\n");
      scanf("%d",&a);
      num=bitnum(a);
      printf("num=%d",num);
      return 0;
}
```

3. 程序设计

(1) 判断一个数是否为 2 的幂。

(2) 编写函数 leftmove(a, n)，该函数返回整数 a 循环左移 n 位的值，n 为 1～31 的正整数。

实验 12　文　　件

【实验目的】

(1) 掌握 C 语言文件打开和关闭的基本方法。

(2) 掌握 C 语言中文本文件和二进制文件的读写方法。

(3) 理解文件定位的用途。

(4) 掌握 C 语言文件操作出错的检测方法。

【实验内容】

1. 程序分析

(1) 编写程序将 26 个大写英文字母按顺序写入文件 writeme.txt 中。

【问题分析】采用函数 fputc，通过循环将字符写入文件。

【参考程序】

```
#include "stdio.h"
int main()
{
     FILE *fp;
     int ch;
     fp=fopen("writeme.txt","w");
     for(ch='A';ch<='Z';ch++)
          fputc(ch,fp);
     fclose(fp);
     return 0;
}
```

【运行结果】文件 writeme.txt 中被写入的内容为：

ABCDEFGHIJKLMNOPQRSTUVWXYZ

(2) 假设 D 盘根目录下已存在文件 a.txt，文件中含有的字符串为“abcd”，以追加的方式将字符串“xyz”添加到文件 a.txt 之后，使文件内容变成“abcdxyz”。

【问题分析】本题要求以追加的方式将字符串添加到已有文件中，这需要将打开文件的方式设置为追加“a”，在程序运行前，要确保 D 盘根目录下已经存在文件 a.txt，否则程序运行会出错。根据题意可知：操作对象是字符串，因此，可以考虑使用 fputs 函数对文件进行“写”操作。在写文件结束后，再关闭文件。

【参考程序】

```
#include "stdio.h"
#include "stdlib.h"
int main(void)
{
     FILE *fp;
```

```
    if((fp=fopen("D:\\a.txt","a"))==NULL)
    {
        printf("can not open file\n");
        exit(0);
    }
    fputs("xyz",fp);
    fclose(fp);
    return 0;
}
```

【程序解析】

① 程序第 2 行引入了头文件 stdlib.h，是为了在程序中使用 exit 函数。

② 程序第 6 行用 fopen 函数打开文件时，指定了文件路径，a.txt 的路径本应为“D:\a.txt”，但是由于 C 语言中把“\”作为转义字符的标志，因此在字符串或字符中要表示反斜杠“\”时，应当在其前面再加上一个“\”，即“D:\\a.txt”。

③ 程序第 6 行使用 'a' 的方式打开文件是为了在后面的“写”操作中对文件内容进行追加，即不删除文件本身的内容，而是将新的内容添加到原先的内容之后。

④ 程序第 11 行是利用 fputs 函数将字符串"xyz"写入 fp 所指文件(即 a.txt)中。

⑤ 本例简单演示了将字符串追加到文件末尾的实现方法，在实际应用中可以利用此程序作为模板进一步实现更为复杂的写文件操作。

(3) 编写 C 程序实现文件复制功能，源文件和复制后的文件都从命令行参数获取。

【问题分析】C 语言中，文件的复制功能可以用很多方法实现，本例中选择块读写函数 fread 和 fwrite 进行文件的读和写，采用整块读写，一次读取多个字节，减少文件在读写过程中内、外存交换数据的次数，提高程序的执行效率。本例要求以命令的方式在“命令提示符”下运行，这需要在设计程序时给 main 函数添加两个参数，第一个参数是整型变量，存放运行时输入参数的总个数，第二个参数是二维字符指针，指向运行时输入的各个参数(字符串)。

【参考程序】本程序源文件以 myCopy.c 命名，参考程序如下：

```
#include "stdio.h"
#include "stdlib.h"
#define SIZE 1024
int main(int argc, char **argv)
{
    FILE *fileFrom,*fileTo;
    char buffer[SIZE];
    int length=0;
    if(argc!=3)
    {
        printf("参数格式有误\n");
        exit(0);
    }
    if((fileFrom=fopen(argv[1],"r"))==NULL)
    {
```

```
            printf("打开文件 %s 有误\n", argv[1]);
            exit(0);
        }
        if((fileTo=fopen(argv[2],"w"))==NULL)
        {
            printf("打开文件 %s 有误\n", argv[2]);
            exit(0);
        }
        while((length=fread(buffer,1,SIZE,fileFrom))>0)
        {
           fwrite(buffer,1,length,fileTo);
        }
        fclose(fileFrom);
        fclose(fileTo);
        return 0;
    }
```

【程序解析】

① 程序第4行，main函数中使用了参数，argc表示参数的个数，argv指针指向参数中的字符串，在本例中，程序运行时需要输入三个参数，其中第一个参数为myCopy，即可执行程序的名称，第二个参数为待复制的源文件，第三个参数为目标文件。执行程序时需要打开命令提示符，并将目录设置为myCopy.exe所在目录，然后输入以下类似命令：

myCopy a.txt b.txt ↙

其中，a.txt应是已存在的文件。程序执行成功后可在当前目录下查看到b.txt，打开其可以发现与a.txt内容一致，故而实现了文件复制功能。

② 程序第9行判断所输入的参数是否为3个，若不是，则提示有错。

③ 程序第14行和19行分别判断打开文件的操作是否成功，其中argv[1]表示待复制的源文件名称，argv[2]表示目标文件名称。

④ 程序第24～27行是复制的主要语句，利用fwrite函数将fread函数读取的内容写入目标文件中，fread函数返回读取的字节数，若文件已读取结束，其值为0，故可以用其返回值判断文件是否已经读取结束，该值同时可以作为写文件时的参数。

⑤ 程序倒数第3、4行将打开的文件关闭。

⑥ 本例演示了文件复制的方法，可以看出核心语句为第24～27行，使用fread和fwrite函数进行整块的读取，可以提高文件读取的效率，节约程序运行的时间。

(4) 从键盘输入若干行字符，存入一个文件中，再从该文件中读出这些数据，若有小写字母，转换为大写，显示输出。

【问题分析】本例算法大致可分为两段完成，第一段通过gets函数从键盘接收字符串到字符串数组和文件，可通过fprintf函数输出到文件；第二段将写入字符串数组的文件打开，将其中的字符串读出，再将小写字母转换为大写，其中文件字符串读取可采用fscanf函数。

【参考程序】

```
#include <stdio.h>
```

```
int main()
  { int i,flag;
     char str[80],c;
     FILE *fp;
     fp=fopen("text","w");
     flag=1;
     while(flag==1)
       {printf("input string:\n");
       /*从键盘接收字符串到str*/
       gets(str);
       /*将接收到的字符串输出到文件*/
       fprintf(fp,"%s ",str);
       printf("continue?");
       c=getchar();
       /*碰到N或者n结束字符串接收过程*/
       if((c=='N')||(c=='n'))
             flag=0;
       getchar();
       }
     /*关闭文件指针，将缓冲区中的内容全部写入文件*/
     fclose(fp);
     fp=fopen("text","r");
     while(fscanf(fp,"%s",str)!=EOF)
       {for(i=0;str[i]!='\0';i++)
           if((str[i]>='a')&&(str[i]<='z'))
                 /*将小写字母转换为大写字母*/
                 str[i]-=32;
       printf("%s\n",str);
       }
     fclose(fp);
     return 0;
 }
```

【运行结果】

命令窗口输入的内容：

```
input string:
Big data is a broad term for data sets so large or complex.
continue?y↙
input string:
Challengers include analysis, capture data curation, search,
sharing, storage, etc.
continue?n↙
```

其中文件 text 中的内容如下：

```
Big data is a broad term for data sets so large or complex.
Challengers include analysis, capture data curation, search,
sharing, storage, etc.
```

屏幕显示如下：

```
BIG
DATA
IS
A
BROAD
TERM
FOR
DATA
SETS
SO
LARGE
OR
COMPLEX.
CHALLENGERS
INCLUDE
ANALYSIS,
CAPTURE
DATA
CURATION,
SEARCH,
SHARING,
STORAGE,
ETC.
```

2. 程序设计

(1) 编写程序，求某整型数据文件中的所有数据的平均值、最大值和第二大的值，假设文件至少有一个数字。

(2) 编写程序，统计文本文件 pro3.txt 中单词 the 的个数(不区分大小写)，注意 the 出现在单词中不能算，文件中单词最长长度不超过 30，单词间用空格隔开。例如，文件内容为 The other is the apple，则输出 2。

(3) 编写一个程序，从 data.txt 文本文件中读出一个字符，将其加密后写入 data1.txt 文件中，加密方式是字符的 ASCII 码加 1。

(4) 编写程序，创建数据文件 goods.txt 用于存储商品信息。已知每一个商品包括名称、单价、进货量和库存 4 项数据。按指定的格式读写，写入 5 件商品的信息，然后输出库存大于进货量一半的商品信息。商品需定义为结构体类型。

习题参考答案

第 1 章习题

一、选择题

1. C　2. A　3. A　4. C　5. C　6. D　7. B　8. C　9. A　10. D

二、填空题

1. 函数体

2. ①/*　②*/

3. ①c　②obj　③ exe

4. ;

5. ①scanf　②printf

三、程序分析题

1. 程序运行结果如下：

```
Hello,China!
Hello Kitty!
```

2. 程序运行结果如下：

```
sum=150
```

四、程序改错题

1. 第 4 行改为：

```
printf("你是低头族吗? \n");
```

2. 第 7 行改为：

```
printf("price after discount is %d\n", price2);
```

第 2 章习题

一、选择题

1. B　2. B　3. A　4. D　5. B　6. A　7. A　8. A　9. D　10. C　11. B　12. D
13. C　14. D　15. D　16. A　17. C　18. C　19. D　20. B

二、填空题

1. ①字母　②数字　③下划线(顺序可不同)　④字母　⑤下划线(顺序可不同)

2. ①1　②2

3. ①值 ②符号 ③符号 ④大写
4. 小写
5. 使用
6. 1,0,0
7. 1,1,1
8. 2.0

三、程序分析题

1. 程序运行结果如下：

```
total=160
```

2. 程序运行结果如下：

```
16,5,32,0,0,
```

3. 程序运行结果如下：

(1) 9,11,9,10 (2) 9,11,8,11 (3) 8,10 (4) 9,11 (5) 8,10,8,10

四、程序改错题

1. 7、8 两行改为：

```
t=a>b?a:b;
max=t>c?t:c;
```

2. 变量 *x* 没定义，第 4 行改为：

```
Int a=3,b=4,c=5,x;
```

第 3 章习题

一、选择题

1. D 2. B 3. C 4. C 5. A 6. B 7. A 8. D 9. B 10. C

二、问答题

1.
```
*s1=□China□Beijing!*
 *s2=China!□□□□*
```

2.
```
1,2,3456789.000000
```

3.
```
78.98,9.8765e16
```

4.
```
111111.00000011.000000
```

5.
```
scanf("%d%d%c%c%c%c%c%c",&x,&y,&a,&a,&b,&b,&c,&c);
```

三、编程题

1. 参考程序如下：

```
#include <stdio.h>
int main()
{
     float h,r,l,s,sq,vq,vz;
     float pi=3.1415926;
     printf("Enter Radius r and Height h:\n");
     scanf("%f,%f",&r,&h);
     l=2*pi*r;              /*圆周长*/
     s=r*r*pi;              /*圆面积*/
     sq=4*pi*r*r;           /*圆球表面积*/
     vq=3.0/4.0*pi*r*r*r;/*圆球体积*/
     vz=pi*r*r*h;          /*圆柱体积*/
     printf("l=%6.2f\n",l);
     printf("s=%6.2f\n",s);
     printf("sq=%6.2f\n",sq);
     printf("vq=%6.2f\n",vq);
     printf("vz=%6.2f\n",vz);
     return 0;
}
```

2. 参考程序如下：

```
#include <stdio.h>
int main()
{
     int a=3,b=4,c=5;
     float x=1.2,y=2.4,z=-3.6;
     long u=51274,n=128765;
     char c1='a',c2='b';
     printf("a=%-4db=%-4dc=%d\n",a,b,c);
     printf("x=%.5f,y=%.6f,z=%.6f\n",x,y,z);
     printf("x+y=%5.2f  y+z=%.2f  z+x=%.2f\n",x+y,y+z,z+x);
     printf("u=%-8ldn=%9ld\n",u,n);
     printf("c1=\'%c\' or %d(ASCII)\n",c1,c1);
     printf("c2=\'%c\' or %d(ASCII)\n",c2,c2);
     return 0;
}
```

第4章习题

一、选择题

1. A　2. B　3. A　4. C　5. A　6. B　7. D　8. C　9. C　10. A　11. D

12. B　13. B　14. C　15. C　16. C　17. A

二、填空题

1. x>5 || x<−5
2. a+b>c && a+c>b && b+c>a
3. ①0　②1　③1
4. 0
5. 0
6. 9
7. −4
8. max=a>b?a:b;
9. 234
10. ①y=x　②x<0　③x>0
11. ①28+leap　②day=30　③month,year,days

三、程序改错题

1. “scanf("%d", a);”　修改为“scanf("%d", &a);”
   “ if(a>0)”　修改为“if(a>=0)”
2. “if(n/3==0 && n/5==0)”　修改为“if(n%3==0||n%5==0)”
3. “else printf("合格");”　修改为“else if(score>=60)printf("合格");”
4. “scanf("%d%d", a, b);”　修改为“scanf("%d%d", &a, &b);”
   “b=a;”　修改为“b=t;”
5. “coupon=50;”　修改为“coupon=cost/200*50;”
   “coupon= coupon*0.4;”　修改为“coupon= cost*0.4;”
   “coupon=(int)coupon%10*10;”　修改为“coupon=(int)coupon/10*10;”

四、编程题

1. 参考程序如下：

```
#include <stdio.h>
int main()
{
     int x,y,z;
     scanf("%d%d%d",&x,&y,&z);
     if(x<y) x=y;
     if(x<z) x=z;
     printf("%f\n",x);
     return 0 ;
}
```

2. 参考程序如下：

```
#include <stdio.h>
int main()
{
```

```
    int x,y,z;
    scanf("%d%d%d",&x,&y,&z);
    if(x+y>z&&x+z>y&&y+z>x)
    {
    if(x==y&&x==z)
        printf("等边三角形\n");
    else
        if(x==y||x==z||y==z)
            printf("等腰三角形\n");
       else
            printf("一般三角形\n");
    }
    else printf("不能构成三角形\n");
    return 0 ;
}
```

3. 参考程序如下：

```
#include <stdio.h>
int main()
{
    int x;
    scanf("%d",&x);
    switch((x-1)/3)
    {
        case0:printf("第一季度\n");break;
        case1:printf("第二季度\n");break;
        case2:printf("第三季度\n");break;
        case3:printf("第四季度\n");break;
    }
    return 0;
}
```

第5章习题

一、选择题

1. D　2. B　3. B　4. C　5. C　6. C　7. C　8. B　9. B　10. D　11. A　12. A
13. C　14. C　15. A　16. C

二、填空题

1. ①do-while　②while　③for
2. ①退出当前一层循环　②跳出当前一次循环，继续下一次循环
3. ①循环变量的初值　②循环条件　③循环变量的增量
4. ①!=　②year++;
5. ①10　②fund=(fund+5000)/(1+rate);　③fund=(fund+2000)/(1+rate);

6. 2

7. 13579111113115

8. 1 2 3

9. k=3

10. 10

三、程序改错题

1. “for(year=1; year<=2015;)” 修改为 “for(year=1;year<=2015; year++)”

“if(year%4==0 || year%100!=0 && year%400==0)” 修改为 “if(year%4==0 && year%100!=0 || year%400==0)”

2. “int count;” 修改为 “int count=0;”

do 和 while 之间添加花括号{…}

“if(ch==0)” 修改为 “if(ch=='0')”

3. “scanf("%d", score);” 修改为 “scanf("%d", &score);”

“if(*i*=0)” 修改为 “if(*i*==0)”

4. “*s*+=1/*i*;” 修改为 “*s*+=1.0/*i*;”

5. 删除 for 语句后面的分号；

printf 语句修改为 “printf("(%d*%d) div 8=%d...%d\n", *i*, *i*, (*i***i*)/8, (*i***i*)%8);”

四、编程题

1. 参考程序如下：

```
#include <stdio.h>
int main()
{
    int i;
    i=2;
    while(i<=30)
    {
        if(i%4==0)
            printf("%3d",i);
            i++;
    }
    return 0;
}
```

2. 参考程序如下：

```
#include <stdio.h>
int main()
{
    int m,i;
    printf("Please input a positive integer less than or equal to 100!\n");
    scanf("%d",&m);
    /*循环变量 i 用于穷举 m 除了 1 和其本身之外的所有可能的约数，而且整数的约数只能在区间
```

```
    [2,m/2]*/
    for(i=2;i<=m/2;i++)
    {
        if(m%i==0)
            printf("%3d",i);
    }
    printf("\n");
    return 0;
}
```

3. 参考程序如下：

```
#include <stdio.h>
int main()
{
    int i,n,j;
    /*定义两个标识值用来判断两个分解整数是否为素数：标识值为 1 表示是，为 0 表示不是*/
    int flag1,flag2;
    /*外层循环用于穷举 100 以内所有大于 2 的偶数*/
    for(n=4;n<=100;n+=2)
    {
        /*初始化 i 的值*/
        i=2;
        /*从 i=2 开始，采用穷举法将大于 2 的正偶数 n 分解为两个整数 i 和
        n-i，并判断它们是否均为素数，并且任一分解数 i 的范围为[2,n/2] */
        while(i<=n/2)
        {
            /*初始化 i，n-i 是否为素数的标识值为 1，即默认它们为素数*/
            flag1=1;
            flag2=1;
            /*分别判断 i，n-i 是否为素数*/
            for(j=2;j<i;j++)
            {
                if(i%j==0)
                    flag1=0;
            }
            /*因为 n-i 有可能为 1，而在判断素数的循环时是从 2 开始验证的，而 1 不是素
            数，所以 n-i=1 时要单独考虑*/
            if(n-i==1)
                flag2=0;
            for(j=2;j<n-i;j++)
            {
                if((n-i)%j==0)
                    flag2=0;
            }
            /*如果 i，n-i 均为素数，则给出验证正确的输出*/
```

```
                if(flag1==1&&flag2==1)
                {
                      printf("%d=%d+%d,%d and %d are
                      prime!\n",n,i,n-i,i,n-i);
                      /*若找到满足条件的分解，则结束循环*/
                      break;
                }
                /*若本次没有找到，则将 i 的值加 1 重新拆分并判断*/
                i++;
          }
          /*若找不到满足条件的分解数，则循环退出时 i 的值一定为 n/2+1(因为 n 是偶数)*/
          if(i==n/2+1)
               printf("%d can't decomposition for the sum of two
               primenumbers.\n",n);
      }
      return 0;
}
```

4. 参考程序如下：

```
#include <stdio.h>
int main()
{
     int i,a,b,c;
     printf("Please input two positive integers in the
     interval[10,100]!\n");scanf("%d%d",&a,&b);
     /*分别得到 a，b 的十位和个位，再依据按权展开式计算出 c*/
     c=a/10*1000+b/10*100+a%10*10+b%10;
     printf("a=%d,b=%d\nc=%d\n",a,b,c);
     return 0;
}
```

第6章习题

一、选择题

1. C　2. B　3. D　4. A　5. B　6. A　7. A　8. B　9. B　10. B　11. C　12. B
13. A　14. D　15. C

二、填空题

1. ① float fun (int *n*)　②float *s*=0.0, *t*=0.0;
2. ① int *x*,int *y*,int *z*　② *n*/10%10

三、运行程序题

1.	2.	3.
C=1	8	1
	4	2
		3

四、编程题

1. 参考程序如下：

```
int IsPrime(int n)
{
      int i,m;
      m=1;
      for(i=2; i<n; i++)
          if(!(n%i))
          {
               m=0;
               break;
          }
      return m;
}
```

2. 参考程序如下：

```
double fun(int m)
{
     double t=1.0;
     int i;
     for(i=2;i<=m;i++)
          t+=1.0/i;
     return t;
}
```

3. 参考程序如下：

```
#include <stdio.h>
float max(float x,float y);
main()
{
    float a,b,m;
    scanf("%f,%f",&a,&b);
    m=max(a,b);
    printf("Max is %f\n",m);
    return 0;
}
float max(float x,float y)
{
    if(x>=y)
         return x;
    else
         return y;
}
```

4. 参考程序如下：

```
#include <math.h>
```

```
#include  <stdio.h>
int IsPrimeNumber(int number)
{
      int i;
      if(number<=1)
           return 0;
      for(i=2; i<=sqrt(number); i++)
      {
            if((number%i)==0)
                 return 0;
      }
      return 1;
}
int main()
{
      int n,i,total=0;
      printf("Please input n:");
      scanf("%d",&n);
      for(i=0;i<=n;i++)
      {
          if(IsPrimeNumber(i))
               total+=i;
      }
      printf("\nAll prime number is %d\n",total);
      return 0;
}
```

5. 参考程序如下：

```
#include <stdio.h>
void convert(int n)
{
     if(n==0||n==1)
           printf("%d",n);
     else
     {
           convert(n/2);
           printf("%d",n%2);
     }
}
main()
{
     int n;
     printf("Please input n:");
     scanf("%d",&n);
     if(n>0)
```

```
            convert(n);
        else
            printf("wrong number!\n");
        return 0;
    }
```

第 7 章习题

一、选择题

1. C　2. D　3. D　4. C　5. A　6. C　7. C　8. C　9. B　10. D

二、填空题

1. *i**m*+*j*+1
2. 4
3. "KK"
4. ①*j*<3　②*a*[*i*][*j*]>max　③max=*a*[*i*][*j*]; raw=*i*;col=*j*;
5. int *b*[4][5]或 *b*[][5]
6. ①*c*[*i*]　②*x*, *y*, *z*　③*z*[*i*]
7. ①count=0　②str[*i*]!='\0'　③if(*s*[*i*]>='a'&&*s*[*i*]<='z')　④count

三、编程题

1. 定义 3 个函数：

input：用于完成某门课程的成绩输入；

average：用于计算平均分；

output：输出高于平均分的成绩。

参考程序如下：

```
#include <stdio.h>
#define N 8
void input(double score[],int n);
double average(double score[],int n);
void output(double score[],int n,double a);
int main()
{
    double cj[N],avg;
    printf("请输入%d 名同学某门课的考试成绩：\n",N);
    input(cj,N);
    avg=average(cj,N);
    printf("输出高于平均分：%.2f 的考生成绩如下：\n",avg);
    output(cj,N,avg);
    return 0;
}
void input(double score[],int n);
{
```

```
    int i;
    for(i=0;i<n;i++)
        scanf("%lf",&score[i]);
}
double average(double score[],int n)
{
    int i;
    double av=0;
    for(i=0;i<n;i++)
        av+=score[i];
    av=sv/n;
    return av;
}
void output(double score[],int n,double a)
{
    int i;
    for(i=0;i<n;i++)
        if(score[i]>a)
            printf("%.2f",score[i]);
}
```

2. 定义 3 个函数：

input：用于数组的输入；

sort：用于数组升序排序，采用冒泡排序算法，N个数排序需要N–1 轮，每 1 轮找出当前未排序数中的最小数沉底(当前最大下标处存放该值)，采用相邻两个数进行比较；

output：用于完成数组的输出。

参考程序如下：

```
#include <stdio.h>
#define N 10
void input(int a[],int n);
void sort(int a[],int n);
void output(int a[],int n);
int main()
{
    int num[N];
    printf("请输入%d个数:\n",N);
    input(num,N);
    printf("\n依次输出当前数组：\n");
    output(num,N);
    sort(num,N);
    printf("\n降序排序后输出数组：\n");
    output(num,N);
    return 0;
}
```

```
void input(int a[],int n)
{
     int i;
     for(i=0;i<n;i++)
           scanf("%d",&a[i]);
}
void sort(int a[],int n)
{
     int i,j,t;
     for(i=0;i<n;i++)
           for(j=0;j<n-1-i;j++)
     if(a[j]<a[j+1])
           {
             t=a[j];
             a[j]=a[j+1];
             a[j+1]=t;
           }
}
void output(int a[],int n)
{
     int i;
     for(i=0;i<n;i++)
           printf("%d",a[i]);
}
```

3. 注意：两条对角线上元素下标的特点是行下标和列下标的值相等或行下标和列下标的值和为行数减 1。

```
#include <stdio.h>
#define N 3
int main()
{
    double num[N][N],s=0;
    int i,j;
    printf("请输入%d×%d矩阵\n",N,N);
    for(i=0;i<N;i++)
          for(j=0;j<N;j++)
                scanf("%lf",&num[i][j]);
    for(i=0;i<N;i++)
          s+=num[i][j]+num[i][N-1-i];
    printf("对角线上元素的和为%f\n",s);
    return 0;
}
```

4. 定义两个函数：

input：用于矩阵的输入；

fun：用于求二维数组的最大值。
参考程序如下：

```
#include <stdio.h>
#define M 3
#define N 4
int fun(int a[][N]);
void input(int a[][N],int m);
int main()
{
     int arr[M][N];
     int max;
     printf("请输入%d×%d矩阵\n",M,N);
     input(arr,M);
     max=fun(arr);
     printf("max=%d\n",max);
     return 0;
}
void input(int a[][N],int m)
{
     int i,j;
     for(i=0;i<m;i++)
          for(j=0;j<N;j++)
               scanf("%d",&a[i]);
}
int fun (int a[][N])
{
     int i,j,max=a[0][0];
     for(i=0;i<M;i++)
          for(j=0;j<N;j++)
               if(max<a[i][j])
                    max=a[i][j];
     return max;
}
```

5. 定义函数 fun，用于字符串内容的逆置。
参考程序如下：

```
#include <stdio.h>
#include <string.h>
#include <stdlib.h>
#define N 81
void fun(char *s)
{
     char ch;
     int i,m,n;
```

```
    i=0;
    m=n=strlen(s)-1;
    while(i<(n+1)/2)
         {
              ch=s[i];
              s[i]=s[m];
              s[m]=ch;
              i++;
              m--;
              }
}
int main()
{
    char a[N];
    printf("请输入一个字符串:\n");
    gets(a);
    printf("原始串为: ");
    puts(a);
    fun(a);
    printf("\n");
    printf("更改后的串为: ");
    puts(a);
    return 0;
}
```

6. 定义 3 个函数：

input：用于完成单词的输入；

sort：用于对输入的单词进行升序排序，注意，单词比较时不能直接使用关系运算符，需要使用 strcmp 函数；

output：结果的输出。

参考程序如下：

```
#include <stdio.h>
#include <string.h>
#define N 10
void input(char w[][50],int n);
void sort(char w[][50],int n);
void output(char w[][50],int n);
int main()
{
     char word[N][50];
     printf("请输入 10 个英文单词:\n");
     input(word,N);
     sort(word,N);
     printf("按字典顺序输出 10 个单词:\n");
```

```
        output(word,N);
        return 0;
 }
void input(char w[][50],int n)
{
        int i;
        for(i=0;i<n;i++)
        scanf("%d",w[i]);
}
void sort(char w[][50],int n)
{
        int i,j,t;
        char temp[50];
        for(i=0;i<n-1;i++)
               {
                for(j=i+1;j<n;j++)
                    if(strcmp(w[t],w[j])>0)
                        t=j;
                strcpy(temp,w[i]);
                strcpy(w[i],w[t]);
                strcpy(w[t],temp);
              }
}
void output(char w[][50],int n)
{
        int i;
        for(i=0;i<n;i++)
              puts(w[i]);
}
```

第8章习题

一、选择题

1. A　2. B　3. B　4. D　5. C

二、填空题

1. #undef
2. #include <math.h>
3. 13
4. if，ifdef，ifndef

三、编程题

1. 参考程序如下：

```
#define F(x)  (3*(x)*(x)+5*(x)+8)
#include <stdio.h>
```

```
int main()
{
      int a,result;
      scanf("%d",&a);
      result=F(a);
      printf("%d\n",result);
      return 0;
}
```

2. 参考程序如下：

```
#define MIN(x,y)  (x)<(y)?(x):(y)
#include <stdio.h>
int main()
{
      int n1,n2,n3;
      scanf("%d%d",&n1,&n2);
      n3=MIN(n1,n2);
      printf("%d\n",n3);
      return 0;
}
```

第9章习题

一、选择题

1. B　2. D　3. D　4. A　5. D　6. B　7. D　8. B　9. C　10. A　11. C
12. C　13. C　14. A

二、填空题

1. ①*y*=*x*;　②*y*=*ip;

2. ①&*r*　②ip　③*r*　④*ip

3. 连续存储字符串中所有字符的存储区间的起始地址

4. ①取变量的地址　②间接访问指针指向的变量

5. ①定义 ip 为指针变量　②间接访问 ip 指针指向的变量

6. ①变量在内存中的地址　②存放地址的变量

7. ①存储函数代码的存储区间的起始地址　②返回值为指针的函数

8. ①1000H　②60　③1008H　④80

9. ①连续存储数组元素的存储区间的起始地址 ②数组各个元素都是用来存储指针的数组

10. ①不可以
②Matrix 和 ip 的基类型不同，Matrix 的基类型为一维数组，而 ip 的基类型为 int 型
③ip=&Matrix[0][0];

11. ①地址　②指针

12. 1030

13. 300
14. ①指针　②指针变量
15. 90

三、编程题

1. 参考程序如下：

```
#include "stdio.h"
int main()
{
     int t,arr[10]={100,90,80,70,60,50,40,30,20,10};
     int *h,*r;
     h=arr;
     r=arr+9;
     while(h<r)
     {
          t=*h;
          *h=*r;
          *r=t;
          h++;
          r--;
     }
     for(int i=0;i<10;i++)
          printf("%d ",arr[i]);
     return 0;
}
```

2. 参考程序如下：

```
#include "stdio.h"
void strcount(char *ts,int *cc,int *cn,int *cs,int *co)
{
     for(;*ts;ts++)
     {
        if(*ts>='A'&&*ts<='Z'||*ts>='a'&&*ts<='z')
              (*cc)++;
        else
              if(*ts>='0'&&*ts<='9')
                    (*cn)++;
              else
                    if(*ts==' ')
                         (*cs)++;
                    else
                         (*co)++;
     }
}
```

```
int main()
{
      char str[80];
      int cc=0,cn=0,cs=0,co=0;
      gets(str);
      strcount(str,&cc,&cn,&cs,&co);
      printf("%s\n%d,%d,%d,%d\n",str,cc,cn,cs,co);
      return 0;
}
```

3. 参考程序如下：

```
#include "stdio.h"
int main()
{
      float f,*ipf;
      ipf=&f;
      scanf("%d",ipf);
      printf("%d\n",*ipf);
      return 0;
}
```

4. 参考程序如下：

```
#include "stdio.h"
void Sort(int a[],int n)
{
      int i,j,t;
      for(i=0;i<n-1;i++)
            for(j=i;j<n;j++)
                  if(a[i]>a[j])
                  {
                        t=a[i];
                        a[i]=a[j];
                        a[j]=t;
                  }
}
int *Find(int a[],int n,int k)
{
      int i;
      for(i=0;i<n;i++)
            if(a[i]>k)
                  break;
      return &a[i-1];
}
int main()
```

```
{
    int score[]={67,89,78,48,93,65,54,85,35,91};
    int key,*ptr;
    Sort(score,10);
    key=60;
    ptr=Find(score,10,key);
    for(int i=0;score+i<=ptr;i++)
        printf("%d ",score[i]);
    return 0;
}
```

5. 参考程序如下：

```
#include "stdio.h"
int main()
{
    char *pc,str[80];
    int len=0,i;
    gets(str);
    for(pc=str;*pc;pc++)
        len++;
    printf("%d\n",len);
    return 0;
}
```

6. 参考程序如下：

```
#include "stdio.h"
#include "string.h"
int main()
{
    char str1[80];
    char str2[80],*p;
    int l,m;
    gets(str1);
    l=strlen(str1);
    scanf("%d",&m);
    if(m>l)
        p=&str1[l];
    else
        p=&str1[m-1];
    strcpy(str2,p);
    printf("%s\n",str2);
    return 0;
}
```

7. 参考程序如下：

```
#include "stdio.h"
int main()
{
    int n,matrix[20][20];
    int i,j,t;
    scanf("%d",&n);
    for(i=0;i<n;i++)
        for(j=0;j<n;j++)
            scanf("%d",&matrix[i][j]);//下标方法
    for(i=0;i<n;i++)
    {
        for(j=0;j<n;j++)
            printf("%d ",*(*(matrix+i)+j));//指针方法
        printf("\n");
    }
    for(i=0;i<n;i++)
        for(j=0;j<i;j++)
        {
            t=*(matrix[i]+j);
            *(matrix[i]+j)=*(matrix[j]+i);
            *(matrix[j]+i)=t;
        }
    for(i=0;i<n;i++)
    {
        for(j=0;j<n;j++)
            printf("%d ",*(matrix[i]+j));//下标和指针混合方法
        printf("\n");
    }
    return 0;
}
```

第 10 章习题

一、选择题

1. A　2. B　3. C　4. B　5. D　6. C　7. D　8. A　9. C　10. C　11. C　12. B　13. B　14. C　15. D

二、填空题

1. 12002Zhangxian
2. 80
3. 4, 8
4. struct S *
5. ①12　②6.0
6. ①*p*<=person+2; *p*++　②old=*p*->page　③*q*->name, *q*->page

7. ①p!=NULL ②c++ ③p->next

三、编程题

1. 参考程序如下：

```
#include <stdio.h>
#define N 10
struct  worker
{
      char name[10];
      char sex;
      int age;
      float salary;
}w[N];
int main()
{
      int i;
      for(i=0; i<N; i++)
           scanf("%s %c %d %f", w[i].name, &w[i].sex, &w[i].age, &w[i].salary);
      for(i=0; i<N; i++)
           printf("%s--%c--%d--%.1f\n", w[i].name, w[i].sex, w[i].age, w[i].
           salary);
      return 0;
}
```

2. 参考程序如下：

```
#include <stdio.h>
struct complex
{
      float r;  /*实部*/
      float i;  /*虚部*/
};
struct complex Add(struct complex x, struct complex y)
{
      struct complex sum;
      sum.r=x.r+y.r; /*实部相加*/
      sum.i=x.i+y.i; /*虚部相加*/
      return sum;
}
int  main()
{
      struct complex c1, c2, temp;
      printf("输入第一个复数的实部: ");
      scanf("%f",&c1.r);
      printf("\n输入第一个复数的虚部: ");
      scanf("%f",&c1.i);
```

```
    printf("\n输入第二个复数的实部: ");
    scanf("%f",&c2.r);
    printf("\n输入第二个复数的虚部: ");
    scanf("%f",&c2.i);
    temp=Add(c1, c2);
    printf("\nThe result is: %.1f + %.1fi\n",temp.r, temp.i);
    return 0;
}
```

3. 参考程序如下：

```
#include <math.h>
#include <stdio.h>
struct  point
{
    float  x;
    float  y;
};
int main()
{
    float  d;
    struct point p1, p2, m;
    printf("输入一个点的坐标: ");
    scanf("%f%f", &p1.x, &p1.y);
    printf("输入另一个点的坐标: ");
    scanf("%f%f", &p2.x, &p2.y);
    m.x=(p1.x+p2.x)/2.0f;
    m.y=(p1.y+p2.y)/2.0f;
    printf("两点的中点坐标为: (%.3f, %.3f)\n", m.x, m.y);
    d=float(sqrt((p2.x-p1.x)*(p2.x-p1.x)+(p2.y-p1.y)*(p2.y-p1.y)));
                                                /*VC 6.0默认是double型*/
    printf("两点之间的距离: %.3f\n", d);
    return 0;
}
```

4. 参考程序如下：

```
#include <stdio.h>
enum day
{
    Sun, Mon, Tue, Wed, Thu, Fri, Sat
}
int main()
{
    enum day today, tomorrow;
    printf("input today is ? (0-6): ");
```

```
    scanf("%d", &today);   /*输入今天星期几*/
    if(today>6||today<0)
        printf("input error\n");
    else
    {
        tomorrow=(enum day)((today+1)%7);
        switch(tomorrow)
        {
        case 0: printf("tomorrow is Sunday!\n"); break;
        case 1: printf("tomorrow is Monday!\n"); break;
        case 2: printf("tomorrow is Tuesday!\n"); break;
        case 3: printf("tomorrow is Wednesday!\n"); break;
        case 4: printf("tomorrow is Thursday!\n"); break;
        case 5: printf("tomorrow is Friday!\n"); break;
        case 6: printf("tomorrow is Saturday!\n"); break;
        }
    }
    return 0;
}
```

5. 参考程序如下：

```
#include <stdio.h>
#include <stdlib.h>
#define N 5
typedef struct  score
{
    char name[10];
    float g;
    int c;
    struct score *next;
}S;
int main()
{
    int i, n;
    S *head, *p;
    printf("输入课程门数( >0 ): ");
    scanf("%d", &n);
    head=(S*)malloc(sizeof(struct score)); /*创建第一个节点，为便于操作，该节点
                                              数据域不存放信息*/
    head->next=NULL;
    for(i=0; i<n; i++)
    {
        p=(S*)malloc(sizeof(struct score));
        scanf("%s %f %d", p->name, &p->g, &p->c);
        p->next=head->next;/*将后续节点与第一个节点连接起来，每次将新增节点插入第
```

```
            一个节点之后*/
            head->next=p;
        }
        while(p)        /*输出*/
        {
            printf("%s—%f—%d\n", p->name, p->g, p->c);
            p=p->next;
        }
        return 0;
    }
```

第 11 章习题

一、选择题

1. D　2. C　3. A　4. D

二、填空题

1. ～　2. (*a*>>3&1)!=0　3. 0513

三、编程题

1. 参考程序如下：

```
#include <stdio.h>
int main()
{
    unsigned a,t;
    scanf("%x",&a);
    t=0xFFFF0000;
    t=a&t;
    t=t>>16;
    printf("%x\n",t);
    t=0x0000FFFF;
    t=a&t;
    printf("%x\n",t);
    return 0;
}
```

2. 参考程序如下：

```
#include <stdio.h>
int main()
{
    unsigned a,o,e;
    scanf("%x",&a);
    o=a&0xAAAAAAAA;
    e=a&0x55555555;
```

```
    a=(o>>1)|(e<<1);
    printf("%x\n",a);
    return 0;
}
```

3. 参考程序如下：

```
#include <stdio.h>
int main()
{
    unsigned a,b;
    scanf("%o%o",&a,&b);
    b=b&077;
    b=b<<6;
    a=a&037777770077;
    a=a|b;
    printf("%o\n",a);
    return 0;
}
```

第 12 章习题

一、选择题

1. B　2. B　3. C　4. A　5. A　6. D　7. D　8. B　9. D　10. B

二、填空题

1. ASCII，二进制
2. 以读写方式打开当前文件夹下的 abc 文件
3. fgetc(fp);
4. ①*fp1,*fp2;　　②rewind(fp1);　　③(getc(fp1),fp2)
5. ①fname　　②fputc(ch,fp);　　③fp
6. fseek，ftell

三、编程题

1. 参考程序如下：

```
#include <stdio.h>
int main()
{ FILE *fout; char ch;
  fout=fopen("abc.txt","w");
  ch=fgetc(stdin);
  while(ch!='#')
  { fputc(ch,fout);
    ch =fgetc(stdin);
  }
```

```
fclose(fout);
return 0;
}
```

2. 参考程序如下：

```
#include <stdio.h>
#include <stdlib.h>
#include <string.h>
int main()
{    FILE *fp;
     char  str[3][10],temp[10];
     int i,j,k,n=3;
     printf("Enter strings:\n");
     for(i=0;i<n;i++)
        gets(str[i]);
     for(i=0;i<n-1;i++)
        {k=i;
         for(j=i+1;j<n;j++)
            if(strcmp(str[k],str[j])>0) k=j;
      if(k!=i)
         {strcpy(temp,str[i]);
         strcpy(str[i],str[k]);
         strcpy(str[k],temp);}
         }
     if((fp=fopen("string.dat","w"))==NULL)
        {
           printf("can't open file!\n");
           exit(0);
     }
     printf("\nThe new sequence:\n");
     for(i=0;i<n;i++)
         {fputs(str[i],fp);
          fputs("\n",fp);
          printf("%s\n",str[i]);
         }
     fclose(fp);
     return 0;
}
```

3. 参考程序如下：

```
#include "stdio.h"
#define N 100
struct student{
     char name[20];
```

```
    int yuwen;
    int shuxue;
    int yingyu;
};
int main()
{
    struct student stu[N];
    int i=0,j,sumScore[N];
    FILE *fp;
    if((fp=fopen("score.txt","r"))==NULL)
    {
        printf("can't open file!\n");
        exit(0);
    }
    while(!feof(fp))
    {
        fscanf(fp,"%s%d%d%d",stu[i].name,&stu[i].yuwen,&stu[i].shuxue,
        &stu[i].yingyu);
        sumScore[i]=stu[i].yuwen+stu[i].shuxue+stu[i].yingyu;
        i++;
    }
    for(j=0;j<i;j++)
        printf("%s: %d\n",stu[j].name,sumScore[j]);
    return 0;
}
```

实验题参考答案

实验 1　C 语言概述

1. 程序分析

(1) 程序运行结果如下：

```
*
**
***
```

(2) 程序运行结果如下：

```
sum=888
```

2. 程序改错

(1) 改正后的参考程序如下：

```
#include <stdio.h>
int main()
{
     printf("确认过眼神，我就是C语言！");
     return 0;
}
```

(2) 改正后的参考程序如下：

```
#include <stdio.h>
int main()
{
    int p,l,w;
    scanf("%d%d",&l,&w);
    p=l*w;
    printf("The  product of l  and  w  is:%d",p);
    return 0;
}
```

3. 程序设计

(1) 参考程序如下：

```
#include <stdio.h>
```

```
int  main()
{
     printf("*****\n");
     printf(" *****\n");
     printf("  *****\n");
     return 0;
}
```

(2) 参考程序如下：

```
#include <stdio.h>
int  main()
{
     float track1,track8,difference;
     track1=400;
     track8=453.03;
     difference=2*(track8-track1);
     printf("绕操场跑两圈，最外圈比最内圈多跑%f 米\n",difference);
     return 0;
}
```

实验 2　数据类型、运算符与表达式

2.程序设计

(1) 参考程序如下：

```
#include <stdio.h>
int main()
{
     float red1,red2,redavg;             /*两个红包、平均值 3 个变量*/
     scanf("%f,%f",&red1,&red2);         /*输入任意两个红包的值，也可用“=”来赋值*/
     redavg=(red1+red2)/2;               /*算红包的平均值*/
     printf("redavg=%f\n",redavg);
}
```

(2) 参考程序如下：

```
#include <stdio.h>
int main()
{
     float inch,cm;                      /*定义英寸、厘米两个变量*/
     inch=5.5f;
     cm=5.5*2.54f;                       /*将英寸转换成厘米*/
     printf("cm=%f\n",cm);
```

```
    return 0;
}
```

(3) 参考程序如下：

```
#include <stdio.h>
int main()
{
    float length,width,height,area,volume;    /*定义长方体的长、宽、高、面积、体积*/
    length=1.2f;
    width=0.6f;
    height=2.0f;
    area=length*width;                        /*求长方体的底面积*/
    volume=length*width*height;               /*求长方体的体积*/
    printf("area=%f,volume=%f\n",area,volume);
    return 0;
}
```

(4) 参考程序如下：

```
#include <stdio.h>
int main()
{
    int x,y,t;
    printf("Enter x,y:\n");                        /*提示输入x，y的值*/
    scanf("%d%d",&x,&y);                           /*输入x，y的值*/
    printf("before swap:x=%d,y=%d\n",x,y);  /*输出交换前x，y的值*/
    t=x;
    x=y;
    y=t;
    printf("after swap:x=%d,y=%d\n",x,y);   /*输出交换后x，y的值*/
    return 0;
}
```

(5) 参考程序如下：

```
#include <stdio.h>
#include <math.h>                    /*包含数学函数头文件*/
int main()
{
    float  a,b,circle;           /*定义直角边为a,b，周长为circle*/
    a=20; b=15;
    circle=a+b+sqrt(a*a+b*b);/*sqrt是开平方函数*/
    printf("circle=%f\n",circle);
    return 0;
```

实验 3　顺序结构程序设计

1. 程序分析

(1) 原程序输出结果为：

```
a=61,b=62
c1=a,c2=b
d=□□3.56,e=□-6.87
f=□□□□3157.890121,g=□0.123456789000
m=50000,n=-60000
p=32768,q=40000
```

修改程序输出结果为：

```
a=50000,b=-60000
c1==,c=>
d=3157.89,e=□□0.12
f=□□□□3157.890121,g=□0.123456789000
m=50000,n=-60000
p=50000,q=4294907296
```

(2) 正确的输入：

```
15M5.55↙
b=25,y=2.6,c2=N↙
```

2. 程序改错

(1) 参考程序如下：

```
#include <stdio.h>
int main()
{
     int x,y;
     scanf("%d%d",&x,&y);
     printf("%d+%d=%d",x,y,x+y);
     return 0;
}
```

(2) 参考程序如下：

```
#include <stdio.h>
int main()
{
     char x,y;
```

```
    x=getchar();
    y=x+32;
    putchar(x);
    putchar(':');
    putchar(y);
    return 0;
}
```

3. 程序设计

(1) 参考程序如下：

```
#include <stdio.h>
int main()
{
    int x,y,t;
    printf("Enter x,y:\n");
    scanf("%d%d",&x,&y);
    t=x;
    x=y;
    y=t;
    printf("x=%d,y=%d",x,y);
    return 0;
}
```

或

```
#include <stdio.h>
int main()
{
    int x,y;
    printf("Enter x,y:\n");
    scanf("%d%d",&x,&y);
    x=x+y;
    y=x-y;
    x=x-y;
    printf("x=%d,y=%d",x,y);
    return 0;
}
```

(2) 参考程序如下：

```
#include <stdio.h>
int main()
{
    int n,x1,x2,x3,y;
    printf("Enter n:\n");
```

```
    scanf("%3d",&n);
    x1=n/100;
    x2=n/10%10;
    x3=n%10;
    y=x3*100+x2*10+x1;
    printf("y=%d",y);
    return 0;
}
```

(3) 参考程序如下：

```
#include <stdio.h>
int main()
{
    int c;
    printf("Enter c:\n");
    scanf("%c",&c);
    c=c+'a'-'A';
    printf("c=%c",c);
    return 0;
}
```

实验 4　选择结构程序设计

1. 程序分析

(1) 程序功能是根据输入的三角形的三条边长，判断其是否为直角三角形，若是输出 Yes，否则输出 No。

① 若输入 4 3 5，输出 Yes。

② 输出 No。输入 3 个任意整数，输出均是 No。

(2) −4

(3) ①y=7　②y=11

(4) ①012　②02　③02　④01

2. 程序改错

(1) “if(a<b)t=a;a=b;b=t;” 修改为 “if(a<b){t=a;a=b;b=t;}”

(2) “将 for(i=1;i<n;i++)” 修改为 “for(i=2;i<n;i++)”

将 “else” 修改为 “if(i==n)”

(3) “if (a+b>c || a+c>b || b+c>a)” 修改为 “if (a+b>c && a+c>b && b+c>a)”

“s=(a+b+c)/2;” 修改为 “s=(a+b+c)/2.0;”

3. 程序设计

(1) 参考程序如下：

```
#include <stdio.h>
#include <math.h>
int main()
{
    int a,b,c;
    scanf("%d%d%d",&a,&b,&c);
    if(abs(a)<abs(b))
        a=b;
    if(abs(a)<abs(c))
        a=c;
    printf("%d\n",a);
    return 0;
}
```

(2) 参考程序如下：

```
#include <stdio.h>
int main()
{
    char ch;
    ch=getchar();
    if(ch>='a'&&ch<='z')
        putchar(ch-32);
    else
        putchar(ch);
    return 0;
}
```

(3) 参考程序如下：

```
#include <stdio.h>
int main()
{
    char ch;
    ch=getchar();
    if(ch>='a'&&ch<='z')
        putchar((ch-'a'+5)%26+'a');
    else if(ch>='A'&&ch<='Z')
        putchar((ch-'A'+5)%26+'A');
    else
        putchar(ch);
    return 0;
}
```

(4) 参考程序如下：

```
#include <stdio.h>
#include <math.h>
int main()
{
     int cost;
     double weight;
     scanf("%lf",&weight);
     if(weight<=1)
          cost=10;
     else
     {
          cost=(ceil(weight)-1)*2+10;
     }
     printf("%d\n",cost);
     return 0;
}
```

(5) 参考程序如下：

```
#include <stdio.h>
int main()
{
    double sale, bonus = 0;
    scanf_s("%lf", &sale);
    if (sale <= 100000)
       bonus = sale*0.1;
    else if (sale <= 200000)
       bonus = (sale - 100000)*0.075 + 100000 * 0.1;
    else if (sale <= 400000)
       bonus = (sale - 200000)*0.05 + 100000 * 0.1 + 100000 * 0.075;
    else if (sale <= 600000)
       bonus = (sale - 400000)*0.03 + 100000 * 0.1 + 100000 * 0.075 + 200000
        * 0.05;
    else if (sale <= 1000000)
       bonus = (sale - 600000)*0.015 + 100000 * 0.1 + 100000 * 0.075 +
     200000 * 0.05 + 200000 * 0.03;
    else bonus = (sale - 1000000)*0.01 + 100000 * 0.1 + 100000 * 0.075 + 200000
       * 0.05 + 200000 * 0.03 + 400000 * 0.015;
    printf("%lf\n", bonus);
    return 0;
}
```

实验 5　循环结构程序设计

1. 程序分析

(1) 程序功能：计算整数中每位数字的和。假设输入 1234，程序输出 sum=10。

(2) 程序输出 sum=31。程序功能：计算输入数字的平方和，以 0 作为输入结束标志。

(3) 程序的运行结果为：

```
6
28
496
8128
```

程序功能为：求 10000 以内的完数。

若删除第 7 行语句，程序将无输出。因为对于每一个数字 *n*，求其因子累加和时，sum 均需初始化为 0，否则在计算当前数字时，sum 已存储之前数字的因子累加和。

(4) 程序功能：计算输入的字符数量，以回车键结束输入。

2. 程序改错

(1) 高度变量 height 应该定义为 double 类型，每次对折后高度增加一倍，而不是加 2，可将程序进行以下修改：

“int count=0,height=0.08;” 修改为 “int count=0; double height=0.00008;”

“while(height<8848);” 修改为 “while(height<8848)”

“height+=2;” 修改为 “height*=2;”

(2) 变量没有初始化。将语句 “int n,countPos,countNeg;” 修改为 “int *n*,countPos=0, countNeg=0;” 循环体内输入语句 “scanf("%d",&*n*);” 不能作为第一条语句，应该作为循环体最后一条语句。

(3) “while(temp%10=8)” 修改为 “while(temp%10==8)”

“temp=temp%10;” 修改为 “temp=temp/10;”

“continue;” 修改为 “break;” (continue 会导致重复计算)

(4) 该程序存在较多逻辑错误，修改方法如下：

“if(ch>='a'&&ch<='z'&&ch>='A'&&ch<='Z')”修改为“if(ch>='a'&&ch<='z'||ch>='A'&&ch<='Z')”

“if(ch>=0&&ch<=9)” 修改为 “else if(ch>='0'&&ch<='9')”

“if(ch==' ')countSpace++;” 修改为 “else if(ch==' ')countSpace++;”

假设程序输入为：

```
There Have 100 "books".
```

程序修改正确后的输出是：

```
countAlphabet=14
countDidit=3
countSpace=3
countElse=2
```

3. 程序设计

(1) 参考程序如下：

```
#include <stdio.h>
int main()
{
    int N,i;
    double score,finalScore,maxScore=0,minScore=10000,sumScore=0;
    printf("Please input the number of the judges:\n");
    scanf("%d",&N);
    printf("Please input %d scores:\n",N);
    for(i=0;i<N;i++)
    {
        scanf("%lf",&score);//输入裁判所给分数
        if(maxScore<score)
            maxScore=score;
        if(minScore>score)
            minScore=score;
        sumScore+=score;
    }
    finalScore=(sumScore-maxScore-minScore)/(N-2);
    printf("The final score of the athlete is %.2lf\n",finalScore);
    return 0;
}
```

(2) 参考程序如下：

```
#include<stdio.h>
int main()
{
    char ch;
    do
    {
        ch=getchar();
        if(ch>='0'&&ch<='9')
            putchar(ch);
    }while(ch!='.');
    printf("\n");
```

```
    return 0;
}
```

(3) 参考程序如下：

```
#include<stdio.h>
#include<math.h>
int main()
{
    int n,i,j,flag;
    scanf("%d",&n);
    for(i=2;i<=n/2;i++)
    {
        flag=1;
        if(n%i==0)                          //判断 i 是否为 n 的因子
        {
            for(j=2;j<=sqrt(i);j++)  //判断 i 是否为素数
                if(i%j==0)
                {
                    flag=0;
                    break;
                }
            if(flag)                         //若该条件满足，则 i 即是 n 的素因子
                printf("%d ",i);
        }
    }
    printf("\n");
    return 0;
}
```

(4) 参考程序如下：

```
#include <stdio.h>
int main()
{
    char thisman;
    int state1,state2,state3,state4;
    for (thisman='A';thisman<='D';thisman++)
    {
        state1=thisman!='A';
        state2=thisman=='C';
        state3=thisman=='D';
        state4=thisman!='D';
        if (state1+state2+state3+state4==3)
        printf("%c ",thisman);
    }
```

```
    return 0;
}
```

(5) 参考程序如下：

```
#include <stdio.h>
#include <stdlib.h>
#include <time.h>
int main()
{
    int computerNumber,guessNumber,gameAgain=1,count=1;
    while(gameAgain==1)
    {
        srand((unsigned)time(NULL));
        computerNumber=rand()%1000;
        printf("The computer number is done,\n");
        printf("Please input your guess number:");
        scanf("%d",&guessNumber);
        if((guessNumber==computerNumber))
            printf("Unbelievable! The first attempt is successful!");
        else
        {
            while(guessNumber!=computerNumber)
            {
                if(guessNumber >computerNumber)
                    printf("Unfortunately,the number is larger
                    than the correct number\n");
                else if(guessNumber<computerNumber)
                    printf("Unfortunately,the number is smaller
                    than the correct number\n");
                else break;
                printf("Please input a number again:");
                scanf("%d",&guessNumber);
                count++;
            }
            printf("Congratulations! The number is correct after %d
            attempts!\n",count);
            printf("try again?(1/0)");
            scanf("%d",&gameAgain);
        }
    }
    return 0;
}
```

实验6　函　　数

1. 程序分析

(1) 程序的运行结果为：

```
12
```

(2) 程序的运行结果为：

```
12624120
```

(3) 程序运行结果为：

```
12345
```

2. 程序改错

参考程序如下：

```
#include <stdio.h>
float sum(float x,float y)
{
      float z;
      z=x+y;
      return z;        //返回两个参数的和
}
int main()
{
      float a,b;
      float c;
      scanf("%f,%f",&a,&b);
      c=sum(a,b);      //调用函数sum，计算变量a和变量b的和
      printf("\nSum is %f",c);
      return 0;
}
```

3. 程序设计

(1) 参考程序如下：

```
long fanc(int a)
{
     long i,n=1;
     for(i=1;i<=a;i++) n=n*i;
     return n;
```

```
}
```

(2) 参考程序如下:

```
int f(int m, int n)
{
    int r;
    if(m<n)
    {
        r=m;
        m=n;
        n=r;
    }
    while((r=m%n)!=0)
    {
        m=n;
        n=r;
    }
    return n;
}
```

(3) 参考程序如下:

```
#include  <stdio.h>
int max(int a,int b)
{
    return a>b?a:b;    //返回最大值
}
int min(int a,int b)
{
    return a<b?a:b;    //返回最小值
}
int main()
{
    int maxnumber,minnumber,i,temp;
    for(i=0;i<10;i++)
    {
        printf("\ninput the %dth int:",i+1);
        scanf("%d",&temp);
        if(i==0)
        {//第一个数无法比较，直接保存
            maxnumber=temp;
            minnumber=temp;
        }
        else
        {//后面 9 个数，每一个都要比较，保存最大值和最小值
```

```
                maxnumber=max(maxnumber,temp);
                minnumber=min(minnumber,temp);
            }
        }
        printf("\nMax number is %d,min number is %d\n",maxnumber,minnumber);
        return 0;
        }
```

(4) 参考程序如下：

```
#include<stdio.h>
long f(int n)     //计算 1*2*3*…*n
{
     long s=1;
     int i;
     for(i=2;i<=n;i++)
     {
          s*=i;
     }
     return s;
}
int main()
{
     long c;
      int p,n;
     printf("输入 C(p,n)中 p 和 n(p<=n): ");
     scanf("%d,%d",&p,&n);
     if(p>n)
          printf("Wrong number!\n");
     else
     {
           c=f(n)/f(p)/f(n-p);    //应用计算组合数的计算公式
           printf("C(p,n)=%ld\n",c);
     }
     return 0;
}
```

(5) 参考程序如下：

```
#include <stdio.h>
int count(int n)
{
      if(n>=0&&n<=9)
           return n==0?1:0;
      else
```

```
        return count(n/10)+count(n%10);
}
int main()
{
     int n;
    printf("Please input n:");
    scanf("%d",&n);
    if(n>0)
        printf("This number has %d 0s!\n",count(n));
    else
        printf("wrong number!\n");
    return 0;
}
```

实验 7 数　组

实验 7.1 一维数组

1. 程序分析

(1) 程序功能：将数组元素逆序存储并输出，其结果为 19 17 15 13 11 9 7 5 3 1。

(2) 程序功能： 将数组中每个元素的值进行增 1 并输出数组前 5 个元素的值，其结果为 2 4 6 1 1。

(3) 程序功能：数组中前三个元素值不变，第 4～8 个元素用原数组中第 3～7 个元素进行替代，并输出整个数组元素，其结果为 8 7 6 6 5 4 3 2。

(4) 程序功能：数组中第 1，2 和最后一个元素的值不变，第 3～7 个元素倒序存放，并输出整个数组元素，其结果为 1 3 13 11 9 7 5 15。

2. 程序改错

(1) 修改后的程序如下：

```
#include <stdio.h>
int main()
{
    int i,a[12];
    for(i=0;i<12;i++)               /*原语句为 for(i=0;i<=12;i++)*/
       scanf("%d",&a[i]);           /*原语句为 scanf("%d",a[i]) */
    for(i=0;i<12;i++)               /*原语句为 for(i=0;i<=12;i++)*/
    {
        printf("%d",a[i]);
        if((i+1)%4==0)              /*原语句为 if(i%4==0)*/
             printf("\n");
    }
```

```
    return 0;
}
```

(2) 修改后的程序如下:

```
#include <stdio.h>
int main()
{
    int i,f[20]={1,1};
    for(i=2;i<20;i++)                    /*原语句为for(i=1;i<=20;i++)*/
      f[i]=f[i-2]+f[i-1];
    for(i=2;i<20;i++)                    /*原语句为for(i=1;i<=20;i++) */
        { if(i%5==0) printf("\n"); /*原语句为if (i%5=0) printf("\n"); */
            printf("%12d",f[i]); /* printf("%12d",&f[i]); */
          }
        printf("\n");
    return 0;
}
```

3. 程序设计

(1) 参考程序如下:

```
#include <stdio.h>
int decimal(int n)
{
      int result=0,k=1;
      int i;
      while(n){
          i=n%2;
          result=k*i+result;
          k=k*10;
          n=n/2;
      }
      return result;
}
int main()
{
      int n,ret=0;
      printf("请输入一位十进制数: ");
      scanf("%d",&n);
      ret=decimal(n);
      printf(""十进制数%d对应的二进制数为: %d\n",n,ret);
      return 0;
}
```

(2) 参考程序如下：

```
#include <stdio.h>
#define N 6
void input(double score[],int n);
double average(double score[],int n);
int main()
{
     double grade[N],avg;
     input(grade,N);
     avg=average(grade,N);
     printf("最后得分: %f\n",avg);
     return 0;
}
void input(double score[],int n)
{
     int i;
     for(i=0;i<N;i++)
         scanf("%lf",&score[i]);
}
double average(double score[],int n)
{
     int i;
     double max=score[0],min=score[0],j=score[0];
     for(i=1;i<N;i++)
         {
          if(max<score[i])
               max=score[i];
          if(min<score[i])
               min=score[i];
          j=j+score[i];
     }
     j=(j-max-min)/(N-2);
     return j;
}
```

实验 7.2 二维数组与字符数组

1. 程序分析

(1) 程序功能：将 4×4 数组对角线上的元素求和，其结果为 30。

(2) 程序功能：将 4×4 数组第二行前 2 个元素、第三行前 3 个元素和第四行前 4 个元素相加，其结果为 90。

(3) 程序功能：在串中取出第 2 个和第 4 个元素，进行运算，其结果为 24。

(4) 程序功能：统计给定串中第 2 个元素为 u 的单词个数，其结果为 2。

2. 程序改错

(1) 修改后的程序如下：

```
#include <stdio.h>
int main()
{
     int i,j,row=0,col=0,max;
     int arr[3][4]={{1,2,3,4},{5,7,9,10},{-5,-8,15,6}};
     max=a[0][0];              /*原语句为 max=a[1][1]; */
     for(i=0;i<3;i++)          /*原语句为 for(i=1;i<=3;i++) */
          for(j=0;j<4;j++)     /*原语句为 for(j=1;j<=4;j++) */
              if (a[i][j]>max)
                   {
                       max=a[i][j];
                       row=i;
                       col=j;
                   }
     printf("max=%d,row=%d,colum=%d\n",max,row,col);
     return 0;
}
```

(2) 修改后的程序如下：

```
#include <stdio.h>
#include <string.h>                 /*新增的*/
int main()
{
    char s[7],p[]="666666";         /*原语句为 char s[5],p[]="66666"; */
    gets(s);
    if(strcmp(s,p)==0)              /*原语句为 if(s==p) */
           printf("Right!");
    else
           printf("Error!");
    return 0;
}
```

3. 程序设计

(1) 参考程序如下：

```
#include <stdio.h>
void input(double a[4][5],int m,int n);
void sum(double a[4][5],int m,int n);
int main()
{
     double a[4][5]={0};
     input(a,3,4);
```

```
    sum(a,3,4);
    return 0;
}
void input(double a[4][5],int m,int n)
{
    int i,j;
    for(i=0;i<m;i++)
        for(j=0;j<n;j++)
            scanf("%d",&a[i][j]);
}
void sum(double a[4][5],int m,int n)
{
    int i,j;
    for(i=0;i<m;i++)
        for(j=0;j<n;j++)
        {
            a[4][j]=a[4][j]+a[i][j];
            a[i][5]=a[i][5]+a[i][j];
        }
    printf("\n各列的和: ");
    for(j=0;j<n;j++)
        printf("%d ", a[4][j]);
    printf("\n各行的和: ");
    for(i=0;i<m;i++)
        printf("%d ", a[i][5]);
}
```

(2) 参考程序如下：

```
#include <stdio.h>
#include <string.h>
int main()
{
    char s[100];
    int  i,count=0,w=0;
        char c;
        gets(s);
        for(i=0;(c=s[i])!='\0';i++)
            if(c==' ') w=0;
            else if(w==0)
                {
                    w=1;
                    count++;
                }
      printf("There are %d words in the line.\n",count);
      return 0;
```

```
    }
```

实验 8　编译预处理

1. 程序分析

(1) ①语句 1 的执行：i_1=*f*(2)=(2/*M*)=(2/*N*+1)=(2/5+1)=(0+1)=1
语句 2 的执行：i_2=*f*(1+1)=(1+1/*M*)=(1+1/*N*+1)=(1+1/5+1)=(1+0+1)=2
② 程序的运行结果是：

```
1 2
```

③ 若带参宏定义改为#define *f*(*x*) (*x*)/(*M*)，则
语句 1 的执行：i_1=*f*(2)=(2)/(*M*)=(2)/(*N*+1)=(2)/(5+1)=2/6=0
语句 2 的执行：i_2=*f*(1+1)=(1+1)/(*M*)=(1+1)/(*N*+1)=(1+1)/(5+1)=2/6=0
程序的运行结果是：

```
0 0
```

(2) ①在编译时语句 1 处将头文件 f.h 展开，用 f.h 文件里的所有内容替换语句 1。
② 程序的运行结果是：

```
5,3
```

(3) 程序的运行结果是：

```
num3=0
```

2. 程序改错

(1) 宏调用时为“*a*=5;*2;”，这有语法错误，因此，将“#define X 5;”的“;”去掉，改为“#define X 5”。

(2) 因为宏调用是两个参量，所以修改宏定义，将“#define SUM(*x*)*x*+*y*”改为“#define SUM(*x*, *y*)*x*+*y*”。

3. 程序设计

(1) 参考程序如下：

```
#include <stdio.h>
#define CIR(x,y) (x+y)*2
#define AREA(x,y) x*y
int main()
{
     double length,width;
     double c,s;
```

```
    printf("请输入长：");
    scanf("%lf",&length);
    printf("请输入宽：");
    scanf("%lf",&width);
    c=CIR(length,width);
    s=AREA(length,width);
    printf("周长=%.2f,面积=%.2f\n",c,s);
    return 0;
}
```

(2) 头文件 computemax.h 的参考代码如下：

```
#define MAX(x,y,z) x>y?(x>z?x:z):(y>z?y:z)
```

主函数 computemax.cpp 的参考代码如下：

```
#include <stdio.h>
#include "computemax.h"
int main()
{
    int num1,num2,num3,max;
    printf("请输入 3 个整数:");
    scanf("%d%d%d",&num1,&num2,&num3);
    max=MAX(num1,num2,num3);
    printf("最大值=%d\n",max);
    return 0;
}
```

(3) 参考源程序如下：

```
#include <stdio.h>
#include <string.h>
#define CHANGE 0
int main()
{
    char str[200];
    printf("请输入报文：");
    gets(str);
#if CHANGE
    printf(strupr(str));
#else
    printf(strlwr(str));
#endif
    return 0;
}
```

实验9　指　　针

1. 程序分析

(1) diff=55

(2) 改正后的参考程序如下：

```
#include "stdio.h"
int main()
{
     int i,age[10],maxage,minage;
     printf("\nplease input age as below:\n");
     for(i=0;i<10;i++)
          scanf("%d",&age[i]);
     maxage=age[0];
     minage=age[0];
     for(i=0;i<10;i++)
     {
          if(age[i]>maxage) maxage=age[i];
          if(age[i]<minage) minage=age[i];
     }
     printf("\ndiff=%d\n",maxage-minage);
     return 0;
}
```

2. 程序改错

改正后的参考程序如下：

```
#include "stdio.h"
int main()
{
     int i,j,no;
     char *CodeString="110101101010101101010101010110101010";
     char *CodeAddr[8];
     char Code[9];
     for(j=i=0;i<8;i++)
     {
          j=j+i;
          CodeAddr[i]=CodeString+j;
     }
     printf("\nPlease input the number(1-8):\n");
     scanf("%d",&no);
     for(i=0;i<no;i++)
          Code[i]=*CodeAddr[no-1]++;
```

```
    Code[i]='\0';
    printf("\nNo. %d code is %s\n",no,Code);
    return 0;
}
```

3. 程序设计

参考程序如下:

```
#include "stdio.h"
//InputWeight 实现键盘输入对数组 a 的元素赋值，并以 999 为赋值结束标志
//最后返回实际元素个数
int InputWeight(int a[])//形参为数组
{
    int i;
    i=0;
    scanf("%d",&a[i]);
    while(a[i]!=999)
    {
        i++;
        scanf("%d",&a[i]);
    }
    return i;
}
//OutputWeight 实现有 n 个整数的数组 a 的元素的输出
void OutputWeight (int a[],int n)          //形参一为数组
{
    int i;
    for(i=0;i<n;i++)
        printf("%d ",a[i]);
    printf("\n");
}
//SortWeight 实现对有 n 个整数的数组 a 中元素按从大到小排序
void SortWeight (int *a,int n)             //形参一为指针变量
{
    int i,j,t;
    for(i=0;i<n-1;i++)
        for(j=i+1;j<n;j++)
            if(a[i]<a[j])
            {
                t=a[i];
                a[i]=a[j];
                a[j]=t;
            }
}
//InsertWeight 实现在有 n 个整数的从大到小有序的数组 a 中插入整数 k,并保持有序
```

```
int InsertWeight (int *a,int n,int k)        //形参一为指针变量
{
      int i,pos;
      pos=n;
      for(i=0;i<n;i++)                           //查找插入位置
           if(a[i]<k)
           {
                  pos=i;
                  break;
           }
       for(i=n-1;i>=pos;i--)                     //把插入点后的数据从后往前依次后移一个
       位置
           a[i+1]=a[i];
      a[pos]=k;                                  //把待插入数据存放在插入点处
      n++;
      return n;
}
int main()
{
      int weight[100],*ptr;
      int count=0;
      int key;
      printf("\nPlease input weight as below(999 as end):\n");
      count=Input Weight (weight);
      printf("\nInitial weight as below:\n");
      ptr= weight;
      OutputWeight (ptr,count);
      SortWeight (weight,count);
      printf("\nSorted weight as below:\n");
      OutputWeight(ptr,count);
      printf("\nPlease input a new weight:\n");
      scanf("%d",&key);
      count=InsertWeight (ptr,count,key);
      printf("\nInserted weight as below:\n");
      OutputWeight (ptr,count);
      return 0;
}
```

实验 10　结构体与共用体

1. 程序分析

(1) 声明了名为 student 的结构体，包含成员列表有：name, num, sex, age, score。
主函数利用上面定义的结构体创建了变量 stu1，并赋值，输出所赋值的学生信息。

程序的运行结果为：

```
200023,zhangsan,M,21,90
```

(2)

①程序的运行结果为：

```
10,4
16
```

该程序定义了一个名为 s 的结构体，其中包含成员列表 char 类型的数组 ch，float 类型的 *f*，然后分别输出成员列表的大小与整个结构体大小。其中成员列表大小加和小于整个结构体大小，原因为编译器需要进行字节对齐，也就是说结构体的大小要是其最大成员列表的整数倍，即 float 为 4 字节，对应的最小整数倍为 16。

②程序的运行结果为：

```
10,4
12
```

该程序定义了一个共用体，成员列表为 char 类型数组 ch，float 类型 *f*。输出分别为成员列表的大小与整个共用体大小。共用体大小根据对齐原则与最大成员列表原则，为 ch[10]填充两字节，即 12 字节。

(3) 程序的运行结果为：

```
4
10
```

分析：程序声明了一个名为 u 的共用体，含有两个成员列表整型 *i* 与字符型 *c*。主程序输出共用体大小，根据共用体定义以占用最大空间的列表成员为准，即整型 4 字节。后面对共用体整型赋值为 266，输出共用体的列表成员 *c*，可知共用体共享存储即列表成员 *c* 所占的 1 字节为整型列表成员 *i* 刚才所赋值，即 10。

2. 程序改错

原程序对于结构体赋值错误，需声明相应的结构体变量，并对相应的列表成员赋值；结构体定义时需要加上分号表示结束。

改正后程序如下(加粗部分为更改部分)：

```
#include <stdio.h>
struct student
{
    int num;
    float score;
} ;
int main()
{
```

```
    struct student a,b;
    a.num=12001;
    a.score=86.5;
    b.num=12003;
    b.score=92;
    printf("%d,%f", a.num, a.score);
    printf("%d,%f", b.num, b.score);
    return 0;
}
```

程序的运行结果为：

```
12001,86.50000012003,92.000000
```

3. 程序设计

参考程序如下：

```
#include<stdio.h>
#define N 10
struct student
{
    int num;
    float score;
};
void sort(struct student stu[])
{
    int i,j;
    struct student t;
    for(i=0;i<N-1;i++)
    {
        for(j=i+1;j<N;j++)
        {
            if(stu[i].score>stu[j].score)
            {
                t=stu[i];
                stu[i]=stu[j];
                stu[j]=t;
            }
        }
    }
}
int main()
{
    struct student stu[N];
    int i;
```

```
    printf("请输入所有学生的信息:学号、成绩:\n");
    for(i=0;i<N;i++)
    {
        scanf("%d%f",&stu[i].num,&stu[i].score);
    }
    printf("The order is :\n");
    sort(stu);
    for(i=0;i<N;i++)
        printf("%6d %6.2f\n",stu[i].num,stu[i].score);
    return 0;
}
```

程序的运行结果为:

```
请输入所有学生的信息:学号、成绩:
801 66
802 97
803 26
804 55
805 67
806 100
807 67
808 63
809 95
810 76
The order is:
803 26
804 55
808 63
801 66
807 67
805 67
810 76
809 95
802 97
806 100
```

实验 11 位 运 算

1. 程序分析

(1) 输入为 77，则输出的结果为：1777,1023。

(2) 输入为 17000000000，则输出的结果为：20000000017，–2147483633。

2. 程序改错

正确的参考程序如下：

```
#include <stdio.h>
int bitnum(int a)
{
    int n=1,count=0;
    while(n<=32)
    {
        b=a&1;
        if(b==1)
            count++;
        a=a>>1;
    }
    return count;
}
int main()
{
    int a,num;
    printf("please input a:\n");
    scanf("%d",&a);
    num=bitnum(a);
    printf("num=%d",num);
    return 0;
}
```

3. 程序设计

(1) 由于如果数 n 为 2 的幂，则 n 与 n–1 的按位与运算结果为 0。参考程序如下：

```
#include <stdio.h>
int main()
{
    int n,f;
    scanf("%d",&n);
    f=n&(n-1);
    if(f==0)
        printf("Yes\n");
    else
        printf("No\n");
    return 0;
}
```

(2) 参考程序如下：

```
unsigned int leftmove(int a,int n)
{
    int lBit;
    while(n-->0)
    {
```

```
        lBit=(a&0x80000000)>>31;
        a=a<<1|lBit;
    }
    return a;
}
```

实验 12 文　　件

2. 程序设计

(1) 参考程序如下：

```
#include <stdio.h>
#include <stdlib.h>
int main()
{
    FILE *fp;
    int i,t,max,s_max,count=0;
    float avg=0;
    if((fp=fopen("pro2.txt","r"))==NULL)
    {
        printf("Can not open file!");
        exit(0);
    }
    fscanf(fp,"%d",&i);
    avg=max=s_max=i;
    count++;
    while(1)
    {
        if(feof(fp))
            break;
        fscanf(fp,"%d",&i);
        if(i>max)
        {
            s_max=max;
            max=i;
        }

        avg+=i;
        count++;
    }
    printf("average=%f,max=%d,s_max=%d\n",avg/count,max,s_max);
    fclose(fp);
    return 0;
}
```

(2) 参考程序如下：

```
#include <stdio.h>
#include <stdlib.h>
#include <string.h>
int main()
{
     FILE *fp;
     char buf[4]="the",str[30];
     int count=0;

     if((fp=fopen("pro3.txt","r"))==NULL)
     {
           printf("Can not open file!");
           exit(0);
     }
     while(1)
     {
           fscanf(fp,"%s",str);
           if(stricmp(buf,str)==0)count++;
           if(feof(fp))
                break;
     }
     printf("%d\n",count);
     fclose(fp);
     return 0;
}
```

(3) 参考程序如下：

```
#include <stdio.h>
int main()
{
     FILE *fp,*fp1;
     char c;
     if((fp=fopen("data.txt","r"))==NULL)
     {
           printf("不能打开文件\n");
           return;
     }
     if((fp1=fopen("data1.txt","w"))==NULL)
     {
           printf("不能建立文件\n");
           return;
     }
     while(!feof(fp))
```

```
    {
        c=fgetc(fp);
        c=(c+1)%256;
        fputc(c,fp1);
    }
    fclose(fp);
    fclose(fp1);
    return 0;
}
```

(4) 参考程序如下：

```
#include <stdio.h>
#include <stdlib.h>
int main()
{
    int count,amount,stock;
    float price;
    char name[20];
    FILE *fp;
    if((fp=fopen("goods.txt","w"))==NULL)
    {
        printf("can not open file.\n");
        exit(0);
    }
    for(count=0;count<5;count++)
    {
        printf("%d:\n",count+1);
        scanf("%s%f%d%d",name,&price,&amount,&stock);
      fprintf(fp,"%s\n%.2f,%d,%d\n",name,price,amount,stock);
    }
    fclose(fp);
    fp=fopen("goods.txt","r");
    printf("overstock goods is:\n");
    while(!feof(fp))
    {
        fscanf(fp,"%s%f,%d,%d",name,&price,&amount,&stock);
        if(stock>=amount/2);
        printf("%s,%.2f,%d,%d\n",name,price,amount,stock);
    }
    fclose(fp);
    return 0;
}
```

参 考 文 献

丁亚涛. 2006. C 语言程序设计. 2 版. 北京：高等教育出版社.

高克宁，李金双，赵长宽，等. 2009. 程序设计基础(C 语言). 北京：清华大学出版社.

何钦铭，颜晖. 2008. C 语言程序设计. 北京：高等教育出版社.

廖湖声. 2018. C 语言程序设计案例教程. 3 版. 北京：人民邮电出版社.

全国计算机等级考试命题研究中心. 2009. 全国计算机等级考试上机考题、全真笔试、历年真题三合一二级 C. 北京：电子工业出版社.

苏小红. 2015. C 语言程序设计. 3 版. 北京：高等教育出版社.

谭浩强. 2010. C 程序设计(第四版)学习辅导. 北京：清华大学出版社.

许勇，李杰. 2011. C 语言程序设计教程. 重庆：重庆大学出版社.

杨永斌，丁明勇. 2012. 程序设计基础(C 语言)实验与习题指导. 北京：科学出版社.

Kernighan B W, Ritchie D M. 2004. C 程序设计语言(第 2 版 · 新版). 徐宝文，李志，译. 北京：机械工业出版社.